建筑工程材料检测

（第2版）

主 编 徐皎

北京理工大学出版社
BEIJING INSTITUTE OF TECHNOLOGY PRESS

内 容 简 介

本书按照建筑工程施工专业的人才培养对用人需求、专业对接产业、课程对接岗位、教材对接技能为切入点,深化教材内容改革,根据建筑工程施工一线技术与管理人员所必须的应用知识,从实用性、职业性、可塑性及一专多能性相结合的出发点,以建材检测必需的知识、技能为基础,通过工学结合的方式,介绍了常用的建筑材料和目前已推广应用的新型建筑材料的基本组成、生产工艺、性质、应用以及检测方法等。内容包括建筑材料与检测基本知识、水泥检测技术、普通混凝土用砂、石技术、普通混凝土检测技术、建筑砂浆检测技术、建筑钢材检测技术、墙体材料检测技术、防水材料检测技术、门窗检测技术共九个项目。

本教材可作为职业院校土木工程、建筑施工、工程造价等相关专业课程教材,也可供相关专业工程技能人员参考。

版权专有　侵权必究

图书在版编目(CIP)数据

建筑工程材料检测 / 徐皎主编. —2版. 北京:北京理工大学出版社,2019.10(2021.6重印)

ISBN 978-7-5682-7836-2

Ⅰ. ①建… Ⅱ. ①徐… Ⅲ. ①建筑材料—检测—高等学校—教材 Ⅳ. ①TU502

中国版本图书馆CIP数据核字(2019)第243850号

出版发行 / 北京理工大学出版社有限责任公司
社　　址 / 北京市海淀区中关村南大街5号
邮　　编 / 100081
电　　话 / (010)68914775(总编室)
　　　　　 (010)82562903(教材售后服务热线)
　　　　　 (010)68948351(其他图书服务热线)
网　　址 / http://www.bitpress.com.cn
经　　销 / 全国各地新华书店
印　　刷 / 定州市新华印刷有限公司
开　　本 / 787毫米×1092毫米　1/16
印　　张 / 13.25　　　　　　　　　　　　　　　　责任编辑 / 张荣君
字　　数 / 310千字　　　　　　　　　　　　　　　文案编辑 / 张荣君
版　　次 / 2019年10月第2版　2021年6月第2次印刷　责任校对 / 周瑞红
定　　价 / 30.00元　　　　　　　　　　　　　　　责任印制 / 边心超

图书出现印装质量问题,请拨打售后服务热线,本社负责调换

前言

FOREWORD

本书是按照职业教育的要求和建筑工程施工专业的人才培养目标以及《建筑工程材料检测》课程标准编写而成。所选择的教材内容体现"四新"、必需和够用，以职业岗位核心技能培养为中心，并将这些知识点与职业技能点、实训等在教材与教学安排中有机结合，以满足建筑工程施工等专业毕业生具备在建筑工程材料检测方面的职业知识与职业技能。适用教学时数为80学时。

本门课程面向对应岗位：

质检员、材料员、材料实验员等。

相应岗位所需求的知识点：

对接质检员、材料员职业能力要求，掌握常用建筑材料及其制品的质量标准、检验方法，能按照常用材料进场验收的程序、内容和方法执行进场验收，会判断进场材料的符合性；会现场保管常用建筑材料及其制品；会核查计量器具的符合性；能依据计量标准和施工质量验收规范，独立检测常用建筑材料及节能材料的技术性能、能独立执行规范规定的见证取样复验项目的取样和送检，会评价材料的质量。

本书将有关国家和行业技术标准融入教材内容中，让学生在校期间接受"规范"教育，增强"规范"意识。通篇以施工现场必需的知识、技能为基础，通过工学结合的方式，主要阐述常用建筑材料和新型建筑材料的基本组成、性质、应用以及质量标准、见证取样送样、检验方法、储运和保管知识等。本书共分九个项目，每个项目为一种材料基本性能和检测技术，每个项目分解成若干个小任务，以任务引领的模式，按教学中由浅入深，循序渐进的原则，进行教材的组织和编写。

FOREWORD

各单元均采用国家现行的新标准和新规范，如《建筑砂浆基本性能试验方法标准》（JGJ/T 70—2009）、《通用硅酸盐水泥》（GB 175—2007）、《冷轧带肋钢筋》（GB 13788—2008）、《烧结普通砖》（GB/T 5101—2003）、《混凝土实心砖》（GB/T 21144—2007）等。

本书在编写过程中参考了有关的文献资料，并得到了编者所在学校和北京理工大学出版社的大力支持，谨此一并感谢。

本书编写时间仓促，编者水平有限，疏漏和不当之处，敬请广大读者批评指正。

目 录
CONTENTS

项目一　建筑材料与检测基本知识

任务一　建筑材料与检测技术标准体系 ··· 1
任务二　建筑材料的基本性质与检测方法 ··· 4
任务三　建筑材料检测的相关法律法规 ·· 13
任务四　见证取样送样检测制度 ··· 15
任务五　检测原始记录及数据处理 ··· 18

项目二　水泥检测技术

任务一　水泥的基本性能 ··· 21
任务二　通用水泥细度的试验 ·· 24
任务三　水泥标准稠度用水量测定试验 ··· 28
任务四　水泥凝结时间检验 ··· 31
任务五　水泥安定性检验 ··· 34
任务六　水泥胶砂强度检验 ··· 37

项目三　普通混凝土用砂、石检测技术

任务一　普通混凝土用砂、石的基本性能 ··· 43
任务二　砂的筛分析及泥、泥块含量检测 ··· 55
任务三　石的筛分析及泥、泥块含量检测 ··· 61
任务四　石的针、片状颗粒总含量检测 ··· 66

项目四　普通混凝土检测技术

任务一　普通混凝土的基本性能 ·· 69
任务二　混凝土拌合物性能检测 ·· 75
任务三　硬化混凝土性能检测 ·· 83

任务四 混凝土耐久性检测……………………………………………………………… 91

项目五 建筑砂浆检测技术

  任务一 建筑砂浆的基本性能………………………………………………………… 99
  任务二 砂浆的性能检测…………………………………………………………… 108

项目六 建筑钢材检测技术

  任务一 建筑钢材的基本性能……………………………………………………… 114
  任务二 建筑钢材的性能检测……………………………………………………… 118

项目七 墙体及屋面材料检测技术

  任务一 墙体材料的基本性能……………………………………………………… 123
  任务二 砌墙砖的检测技术………………………………………………………… 136
  任务三 砌体材料的检测技术……………………………………………………… 144
  任务四 轻质混凝土板材的检测技术……………………………………………… 149

项目八 防水材料检测技术

  任务一 常用防水材料的基本性能………………………………………………… 154
  任务二 防水卷材性能检测………………………………………………………… 162
  任务三 沥青性能检测……………………………………………………………… 169

项目九 门窗检测技术

  任务一 门窗的基本性能…………………………………………………………… 174
  任务二 铝合金塑料型材检测……………………………………………………… 187
  任务三 门窗玻璃检测……………………………………………………………… 195

附 录

参考文献

项目一
建筑材料与检测基本知识

任务一　建筑材料与检测技术标准体系

1.1.1　任务目标

● 【知识目标】

1. 掌握建筑材料的定义及分类。
2. 了解建筑材料的发展概况。
3. 了解建筑材料检测技术的相关标准。

● 【能力目标】

能对建筑材料进行分类。

1.1.2　任务实施

【建筑材料概述】

建筑材料是用于土木建筑结构物的所有材料的总称,是建筑物与构筑物的重要物质基础。

建筑材料的分类如下:

1. 按组成成分分类

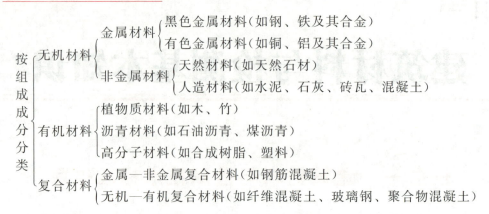

2. 按在建筑上的用途分类

按在建筑上的用途分类 {建筑结构材料, 墙体材料, 建筑功能材料}

建筑材料工业不仅是发展建筑业的基础，也是国民经济的主要基础工业之一。近年来，各种新型建筑材料层出不穷，向轻质、高强度、多功能方面发展，建筑技术正处于新的变革之中。

【标准及建筑材料检测技术标准体系】

1. 标准概述

标准是为在一定范围内获得最佳秩序，对活动或其结果规定共同的和重复使用的规则、导则或特性的文件。该文件经协商一致并经一个公认的机构批准。

标准按适用范围可分为以下六类。

（1）国际标准。国际标准是由国际标准化团体通过的标准。最大的国际标准化团体是ISO和IEC。另外，还有27个国际团体也制定了一些国际标准。国际标准对各个国家来说可以自愿采用，没有强制的含义。但往往因为国际标准中集中了一些先进工业国家的技术经验，加之各国考虑外贸上的利益，从本国利益出发也往往积极采用国际标准。

（2）区域标准。区域标准是世界某一区域标准化团体通过的标准。这里的"区域"是指世界上按地理、经济或政治划分的区域，如欧洲标准就是欧洲这个区域的标准，它是为了某一个区域的利益而建立的标准。

（3）国家标准。国家标准由国务院标准化行政主管部门制定。国家标准是国内各级标准必须服从且不得与之相抵触的标准。国家标准是一个国家标准体系的主体和基础。

（4）行业标准。行业标准由国务院标准化行政主管部门制定，并报国务院标准化行政主管部门备案，在公布国家标准之后，该项行业标准即行废止。行业标准主要针对没有国家标准而又需要在全国某个行业范围内统一规定的技术要求。目前，行业标准的概念正在逐渐被专业标准所取代。

（5）地方标准。地方标准由省、自治区、直辖市标准化行政主管部门制定，并报国务院标准化行政主管部门和国务院有关行政主管部门备案，在公布国家标准或者行业标准之后，该项地方标准即行废止。地方标准主要针对没有国家标准和行业标准而又需要在省、自治区、直辖市范围内规定统一的工业行业产品的安全、卫生要求。

（6）企业标准。企业标准由企业组织制定，并按省、自治区、直辖市人民政府的规定备案。企业标准主要针对企业生产的没有国家标准、行业标准和地方标准的产品；已有国家标准或者行业标准和地方标准，国家鼓励企业制定严于国家标准、行业标准或者地方标准的企业标准，在企业内部适用。

国家标准、行业标准、地方标准和企业标准构成了我国的四级标准体系。同时，国家也积极鼓励采用国际标准和国外先进标准。

2. 建筑材料检测技术标准体系

建筑材料本身是一种工业产品，它的生产、检测也受上述六类标准的约束。与建筑材料及检测技术相关的标准，按所涉及的内容可分为以下三类。

（1）管理标准。管理标准的对象不是技术而是管理事项。包括组织、机构、职责、权利、程序、手续、方针、目标、措施和影响管理的因素等。管理标准一般是规定一些原则性的定性要求，具有指导性。

（2）产品标准。产品标准是为了保证产品的适用性，对产品必须达到的某些或全部要求所制定的标准。

（3）方法标准。方法标准是以试验、检查、分析、抽样、统计、计算、测定和作业等各种方法为对象制定的标准。方法标准的特点是以各种方法为对象制定单独的标准。

3. 标准的执行

建筑材料生产企业，应按照国家标准、行业标准、地方标准或者企业标准的要求组织生产。企业生产的产品，有相应国家标准，应执行国家标准；没有国家标准的，可执行行业标准；没有国家标准和行业标准的，可执行地方标准；没有国家标准、行业标准和地方标准的，企业应制定企业标准，经备案后按企业标准组织生产。

检测机构对接受的委托检测项目，应依据委托方制定的标准进行检测；对承担的见证检测项目，应依据国家标准、行业标准中的强制性标准进行检测。

1.1.3 任务小结

本任务主要介绍了建筑材料的定义及分类，需要学生重点掌握。

任务二　建筑材料的基本性质与检测方法

1.2.1　任务目标

● 【知识目标】

1. 掌握建筑材料检验与技术标准。
2. 了解建筑材料课程的学习方法与要求。

● 【能力目标】

能进行相关材料的检测。

1.2.2　任务实施

建筑物在使用过程中，要承受各种不同的作用。这些不同的作用包括各种形式的外力、恶劣环境的影响等，将直接加载到建筑物的组成材料——建筑材料上；而且建筑物的某些特殊部位会要求建筑材料具有一些特殊的性能，例如抗渗防水、保温隔热、耐热、耐化学腐蚀等。因此，必须掌握建筑材料的基本性质及检测方法，以合理选用建筑材料。

▲【材料的物理性质与检测方法】

1. 密度、表观密度、堆积密度

自然界中的材料，由于其单位体积中所含孔隙形状及数量不同，因此其基本的物理性质参数——单位体积的质量也有差别。

材料内部常含有以下两大类型的孔隙：

(1) 自身封闭的孔隙。
(2) 与外界连通的(开口)孔隙。

材料在不同状态时，其单位体积的值是不同的，因而，其单位体积的质量也不同，现分述如下。

(1) 密度。实际密度是指材料在绝对密实状态下，单位体积所具有的质量。实际密度按下式计算：

$$\rho = \frac{m}{V} \tag{1-2-1}$$

式中 ρ——实际密度(g/cm^3);

m——材料在干燥状态下的质量(g);

V——材料在绝对密实状态下的体积(cm^3)。

绝对密实状态下的体积是指不包括材料内部孔隙的固体物质的真实体积。

在常用建筑材料中,除钢材、玻璃等少数接近绝对密实的材料外,绝大多数材料都含有一些孔隙。

密度测定的一般方法和步骤如下:

1)测定质量:在测定质量时,必须将样品在恒温干燥箱中烘干至恒重,然后在干燥箱中冷却至室温,用适当精度的衡器称量质量。

2)测定体积:

①外观规则的材料,如钢材、玻璃等,可直接用适当精度的尺测量尺寸,按几何公式求出体积。

②外观不规则的坚硬颗粒,如砂、石等,可采用排水法测定。

③可研磨的非密实材料,如砌块、石膏等,可磨细后采用排液法测定。

3)按公式计算密度。

4)通常应该进行两次平行试验,取两次试验结果的平均值作为材料密度,精确至 $0.01\ g/cm^3$。

(2)体积密度。体积密度是指材料在自然状态下单位体积的质量。体积密度按下式计算:

$$\rho_0 = \frac{m}{V_0} \qquad (1\text{-}2\text{-}2)$$

式中 ρ_0——材料的体积密度(kg/m^3 或 g/cm^3);

m——材料的质量;

V_0——材料在自然状态下的体积(m^3 或 cm^3)。

体积密度测定的一般方法和步骤如下:

1)测定质量:在确定的含水状态下,用适当精度的衡器称量样品的质量。

2)测定自然状态下的体积:

①外观规则的材料,直接用适当精度的尺测量尺寸,按几何公式求出体积。如加气混凝土砌块等。

②外观不规则的材料,可用排液法测定。应在材料表面涂蜡,以防止液体由孔隙渗入材料内部而影响测值。

③按公式计算密度。

④通常应该进行两次平行试验,取两次试验结果的平均值作为材料密度,精确至 $10\ kg/m^3$。

(3)表观密度。表观密度是指材料在包含其内部闭口孔隙条件下的单位体积所具有的质量。表观密度按下式计算:

$$\rho' = \frac{m}{V'} \qquad (1\text{-}2\text{-}3)$$

式中　ρ'——材料的表观密度（kg/m^3 或 g/cm^3）；

　　　m——材料在干燥状态下的质量（kg 或 g）；

　　　V'——材料在自然状态下不含开口孔隙的体积（m^3 或 cm^3）。

表观密度测定的一般方法和步骤如下：

1）测定质量：在确定的含水状态下，用适当精度的衡器称量样品的质量。

2）测定自然状态下的体积：

①外观规则的材料，如加气混凝土砌块等，可直接用适当精度的尺测量尺寸，按几何公式求出体积。

②外观不规则的材料，可用排液法测定。应在材料表面涂蜡，以防止液体由孔隙渗入材料内部而影响测值。

③按公式计算表观密度。

④通常应该进行两次平行试验，取两次试验结果的平均值作为材料表观密度，精确至 10 kg/m^3。

（4）堆积密度。堆积密度是指散粒（粉状、粒状或纤维状）材料在自然堆积状态下，单位体积（包含了颗粒内部的孔隙及颗粒之间的空隙）所具有的质量。堆积密度按下式计算：

$$\rho'_0 = \frac{m}{V'_0} \tag{1-2-4}$$

式中　ρ'_0——堆积密度（kg/m^3）；

　　　V'_0——材料的堆积体积（m^3）。

堆积密度测定的一般方法和步骤如下：

1）选择合适的容量筒。根据材料颗粒的尺寸，选择容积大小合适的容量筒。

2）用规定的方法将颗粒样品装满容量筒。

①测量松散堆积密度时，一般不进行捣实或振实。

②测量紧密堆积密度时，要分装材料，充分捣实或振实。

③用适当精度的衡器称量样品的质量。

④按公式计算堆积密度。

⑤通常应该进行两次平行试验，并且取两次试验结果的平均值作为材料的堆积密度，精确至 10 kg/m^3。

在建筑工程中，计算材料用量、构件自重、配料，以及确定堆放空间时，经常要用到材料的密度、表观密度、堆积密度等参数。相关参数可查表。

2. 材料的密实度与孔隙率

（1）密实度。密实度是指材料体积内被固体物质所充实的程度，也就是固体物质的体积占总体积的比例。密实度反映了材料的致密程度，用 D 表示，按下式计算：

$$D = \frac{V}{V_0} \times 100\% = \frac{\rho_0}{\rho} \times 100\% \tag{1-2-5}$$

含有孔隙的固体材料的密实度均小于 1。

材料的很多性能(强度、吸水性、耐久性、导热性等)均与密实度有关。

(2)孔隙率。孔隙率是指材料体积内,孔隙体积占材料总体积的百分率。孔隙率表示材料中含有体积的多少,直接反映了材料的致密程度,用 P 表示,按下式计算:

$$P=\frac{V_0-V}{V_0}\times100\% =\left(1-\frac{V}{V_0}\right)\times100\% =\left(1-\frac{\rho_0}{\rho}\right)\times100\% \qquad (1\text{-}2\text{-}6)$$

孔隙率与密实度的关系为:$P+D=1$(由此可知,材料的总体积是由固体物质与其所包含的孔隙所组成)。

孔隙可分为连通孔隙(不仅彼此贯通且与外界相通)和封闭孔隙(彼此不连通且与外界隔绝);按尺寸大小还可分为微孔、细孔和大孔。

孔隙率的大小及孔隙本身的特点与材料的许多特性有密切关系。一般而言,孔隙率较小,且连通孔较少的材料,其吸水性较小,强度较高,抗渗性和防冻性较好。

3. 材料的填充率与空隙率

(1)填充率。填充率是指散粒材料在某容器的堆积体积中,被其颗粒所填充的程度。填充率散粒材料的颗粒之间相互填充的致密程度,用 D' 表示,按下式计算:

$$D'=\frac{V_0}{V'_0}\times100\% =\frac{\rho'_0}{\rho_0}\times100\% \qquad (1\text{-}2\text{-}7)$$

(2)空隙率。空隙率是指散粒材料在某容器的堆积体积中,颗粒之间的空隙体积占堆积体积的百分率。空隙率用 P' 表示,按下式计算:

$$P'=\frac{V'_0-V_0}{V'_0}\times100\% =\left(1-\frac{V_0}{V'_0}\right)\times100\% =\left(1-\frac{\rho'_0}{\rho_0}\right)\times100\% \qquad (1\text{-}2\text{-}8)$$

空隙率可作为控制混凝土骨料级配与计算含砂率的依据。

4. 材料与水有关的性质

(1)亲水性与憎水性。材料被水润湿的程度用润湿角 θ 表示。$\theta \leqslant 90°$ 的材料为亲水性材料;$\theta > 90°$ 的材料为憎水性材料。

大多数建筑材料都属于亲水性材料,表面均能被润湿,且能通过毛细管作用将水吸入到毛细管内部。

沥青、石蜡等属于憎水性材料,该类材料一般能阻止水分渗入毛细管中,因而能降低材料的吸水性。此类材料可作为防水材料,也可对亲水材料进行表面处理,以降低其吸水性。

其含水情况可分为以下四种基本状态:
1)干燥状态——不含水或含水极微。
2)气干状态——所含水与大气湿度相平衡。
3)饱和面干状态——表面干燥,而孔隙中水达到饱和。
4)湿润状态——孔隙中含水饱和,且表面附有一层水膜。

(2)吸水性。吸水性可分为质量吸水率和体积吸水率。其计算公式如下:

质量吸水率:

$$W_{质}=\frac{m_{湿}-m_{干}}{m_{干}}\times100\% \qquad (1\text{-}2\text{-}9)$$

体积吸水率：

$$W_{体} = \frac{V_{水}}{V_0} \times 100\% = \frac{m_{湿} - m_{干}}{V_0} \times \frac{1}{\rho_{水}} \times 100\% \qquad (1\text{-}2\text{-}10)$$

两者的关系是：

$$W_{体} = W_{质} \cdot \rho_0 \qquad (1\text{-}2\text{-}11)$$

质量吸水率测定的一般方法和步骤如下：

1）称量吸水饱和状态下材料的质量。

2）将吸水饱和状态下的材料按规定方法烘干至恒重，称取质量。

3）按公式计算质量吸水率。

4）通常应该进行两次平行试验，取两次试验结果的平均值作为材料的质量吸水率。

体积吸水率测定的一般方法和步骤如下：

1）称量吸水饱和状态下材料的质量。

2）将吸水饱和状态下的材料按规定方法烘干至恒重，称取质量。

3）测定材料自然状态下的体积。

4）按公式计算体积吸水率。

5）通常应该进行两次平行试验，取两次试验结果的平均值作为材料的体积吸水率。

材料的吸水性与其孔隙率的大小及孔隙的特征有关。一般孔隙率越大吸水性越强。

封闭的孔隙水分不易进入；粗大开口的孔隙，水分又不易存留，故体积吸水率常小于孔隙率，因此常用质量吸水率表示吸水性。对于某些轻质材料，如加气混凝土、软木等，质量吸水率往往超过100%，这时最好用体积吸水率表示吸水性。水在材料中，对材料的性质将产生不良的影响，它使材料的体积密度和导热性增大，强度降低、体积膨胀。因此，吸水率大对材料性能是不利的。

（3）吸湿性。材料在潮湿的空气中水分的性质，称为吸湿性。吸湿性的大小用含水率表示。材料所含水的质量占材料干燥质量的百分数，称为材料的含水率。其计算公式为：

$$W_{含} = \frac{m_{含} - m_{干}}{m_{干}} \times 100\% \qquad (1\text{-}2\text{-}12)$$

吸湿性测定的一般方法和步骤如下：

1）称量含水状态下材料的质量。

2）将含水状态下的材料按规定方法烘干至恒重，称取质量。

3）按公式计算含水率。

4）通常应该进行两次平行试验，取两次试验结果的平均值作为材料的含水率。

材料的含水率大小，除与材料本身的特性有关外，还与周围环境的温度、湿度有关。气温越低、相对湿度越大，材料的含水率也就越大。

材料随着空气湿度的变化，既能在空气中吸收水分，又可向外界扩散水分，最终使材料中的水分与空气的湿度达到平衡，这时的材料含水率称为平衡含水率。平衡含水率不是固定不变的，它随环境温度及湿度的变化而变化。

（4）耐水性。材料长期在饱和水作用下而不被破坏，其强度也不显著下降的性质称为耐水性。材料的耐水性用软化系数表示，按下式计算：

$$K_{软} = \frac{f_饱}{f_干} \qquad (1\text{-}2\text{-}13)$$

(5)抗渗性。材料抵抗压力水渗透的性质称为抗渗性。抗渗性用渗透系数 K 或抗渗等级表示，按下式计算：

$$K = \frac{Qd}{AtH} \qquad (1\text{-}2\text{-}14)$$

材料抗渗性的好坏，与材料的孔隙率和孔隙特征有密切关系。对于地下建筑及水工建筑物，因为长期受到水压力的作用，所以要求材料具有一定的抗渗性；对于防水材料，则要求具有更高的抗渗性能。

(6)抗冻性。材料在吸水饱和状态下能经受多次冻结和融化作用（冻融循环）而不被破坏，同时强度也不严重降低的性质，称为抗冻性。试件在规定的标准试验条件下，经过一定次数的冻融循环后，强度降低不超过规定数值，也无明显损坏和剥落，则此冻融循环次数即为抗冻等级。材料抗冻性能的高低，取决于材料的吸水饱和程度和材料对结冰时体积膨胀所产生压力的抵抗能力。

5. 材料与热有关的性质

材料与热有关的性质主要有：材料的导热性、热容性和热变形性。

(1)导热性。导热性是指材料传导热量的能力。导热性用导热系数表示，比例系数 λ 则定义为导热系数，按下式计算：

$$\lambda = \frac{Qd}{(t_1 - t_2)At} \qquad (1\text{-}2\text{-}15)$$

式中 λ——导热系数，单位为 $[W/(m·K)]$；

$t_1 - t_2$——材料两侧温差(K)；

d——材料厚度(m)；

A——材料导热面积(m^2)；

t——导热时间(s)。

材料的导热系数主要与以下因素有关：

1) 材料的化学组成和物理结构：一般金属材料的导热系数要大于非金属材料，无机材料的导热系数大于有机材料，晶体结构材料的导热系数大于玻璃体或胶体结构的材料。

2) 孔隙状况：材料的孔隙率越高、闭口孔隙越多、孔隙直径越小，则导热系数越小。

3) 环境的温湿度：因空气、水、冰的导热系数依次加大，故保温材料在受潮、受冻后，导热系数可加大近100倍。因此，保温材料使用过程中一定要注意防潮防冻。

(2)热容性。材料受热时吸收热量，冷却时放出热量的性质称为热容。比热容 c 是指单位质量的材料温度升高1 K（或降低1 K）时所吸收（或放出）的热量。材料的热容可用热容量表示，它等于比热容 c 与质量 m 的乘积，单位为 kJ/K，按下式计算：

$$Q = mc(t_1 - t_2) \qquad (1\text{-}2\text{-}16)$$

材料的热容量对于稳定建筑物内部温度的恒定和冬期施工有很重要的意义。热容量大的材料可缓和室内温度的波动，使其保持恒定。

(3)热变形性。材料的热变形性是指材料在温度变化时的尺寸变化。热变形性按下式计算：

$$\Delta L = \alpha L(t_2 - t_1) \quad (1\text{-}2\text{-}17)$$

式中　ΔL——材料的热变形量(mm)；
　　　α——线膨胀量(1/K)；
　　　L——材料原来的长度(mm)；
　　　$t_2 - t_1$——材料受热或冷却前后的温度差(K)。

建筑工程上要求材料的热变形不可过大，对于线膨胀系数大的材料，应充分考虑温度变化引起的伸缩。

▲【材料的力学性质及耐久性】

1. 材料的力学性质

(1)强度。材料在外力(荷载)作用下抵抗破坏的能力称为强度。

材料抵抗由静荷载产生应力破坏的能力，称为材料的静力强度。它是以材料在静荷载作用下达到破坏时的极限应力值来表示的，实质上等于材料受力破坏时单位受力面积上所承受的力，按下式计算：

$$f = \frac{F}{A} \quad (1\text{-}2\text{-}18)$$

式中　f——材料的强度(MPa)；
　　　F——材料能承受的最大荷载(N)；
　　　A——受力面积(mm^2)。

1)强度的分类。

抗压强度——材料抵抗压力破坏的能力。

抗拉强度——材料抵抗拉力破坏的能力。

抗弯强度——材料抵抗弯曲破坏的能力。

抗剪强度——材料抵抗剪力破坏的能力。

2)研究材料强度等级的意义。针对不同种类的材料具有抵抗不同形式力的作用特点，将材料按其相应极限强度的大小，划分为若干不同的强度等级。对于水泥、石材、砖、混凝土、砂浆等在建筑物中主要用于承压部位的材料以其抗压强度来划分强度等级。而建筑钢材在建筑物中主要用于承受拉力荷载，所以，以其屈服强度作为划分强度等级的依据。

3)与材料强度有关的因素。

①材料强度的大小理论上取决于材料内部质点结合力的强弱，实际上与材料中结构缺陷有直接关系。

②组成相同的材料其强度决定其孔隙率的大小。

③材料的强度还与测试强度时的测试条件和方法等外部因素有很大关系。使测试结果准确、可靠、具有可比性，对于以强度为主要性质的材料，必须严格按照标准试验方法进行静力强度的测试。

4)强度测定的一般方法和步骤如下。

①按规定的方法、数量制作试件。

②测试试件的受力面积。

③选用适当量程的材料试验机,测定试件的破坏荷载。

④根据试件受力方式,选用正确的公式计算试件的强度。

(2)变形。材料在外力作用下,由于质点间平衡位置改变,质点产生相对位移,而形状与体积发生变化,称为材料的变形。

1)弹性与塑性。

弹性:弹性是指材料在应力作用下产生变形,当外力取消后,材料变形即可消失并能完全恢复原来形状的性质。这种当外力取消后瞬间即可完全消失的变形,称为弹性变形。明显具有弹性变形特征的材料称为弹性材料。

塑性:塑性是指材料在应力作用下产生变形,当外力取消后,仍保持变形后的形状尺寸,且不产生裂纹的性质。这种不随外力撤销而消失的变形,称为塑性变形,或永久变形。明显具有塑性变形特征的材料称为塑性材料。

弹塑性材料:实际上,纯弹性与纯塑性的材料都是不存在的。不同的材料在力的作用下,表现出不同的变形特征。例如:①低碳钢在受力不大时,仅产生弹性变形,此时,应力与应变的比值为一常数。随着外力增大至超过弹性极限后,则出现另一种变形——塑性变形。②混凝土在受力一开始,弹性变形和塑性变形就同时发生,除去外力后,弹性变形可以恢复(消失),而塑性变形不能消失,这种变形称为弹塑性变形,具有这种变形特征的材料叫作弹塑性材料。

2)脆性与韧性。

脆性:脆性是指材料在外力作用下直到破坏前无明显塑性变形而发生突然破坏的性质。具有这种破坏性质的材料称为脆性材料。

脆性材料的特点如下:

①抗压强度远大于抗拉强度。

②受力作用时塑性变小,而且破坏时无任何征兆,有突发性。

③主要适用于承受压力静荷载。

④建筑材料中大部分无机非金属材料均为脆性材料,如天然岩石、陶瓷、玻璃、砖、生铁、普通混凝土等。

韧性:韧性是指材料在冲击或振动荷载作用下,能吸收较大能量,产生一定的变形,而不至破坏的性能,又叫冲击韧度。具有这种性质的材料称为韧性材料。

韧性材料的特点如下:

①塑性变形大。

②受力时产生的抗拉强度接近或高于抗压强度。

③破坏前有明显征兆。

④主要适用于承受拉力或动荷载。

木材、建筑钢材、沥青混凝土等属于韧性材料。用作路面、桥梁、吊车梁等需要承受冲击荷载和有抗震要求的结构用建筑材料均应具有较高的韧性。

3）徐变：固体材料在恒定外力长期作用下，变形随时间延长而逐渐增大的现象，称为徐变。

对于非晶体材料来说，徐变是由于材料在外力作用下，内部产生类似液体的粘性流动而造成的；对于晶体材料来说，徐变则由于在切应力作用下，材料内部晶格错动和滑移而造成的。

（3）材料的冲击韧性、硬度、磨损及磨耗。

1）冲击韧性：材料在冲击、振动荷载作用下抵抗破坏的性能，称为冲击韧性。表示方法：冲击韧性以材料冲击破坏时消耗的能量表示。要求有较高的冲击韧性的材料：用于桥梁、路面、吊车梁、桩等受冲击、振动荷载作用的建筑物及有抗震要求的建筑物的材料。

2）硬度：材料抵抗其他较硬物体压入的能力，称为硬度。硬度大的材料耐磨性较好，但不易加工。硬度较大的材料，强度也较高，有些材料硬度与强度之间有较好的相互关系。测定硬度的方法简单，而且不破坏被测材料，所以有些材料可以通过测定硬度来推算其强度。如在测定混凝土结构强度时，可用回弹硬度来推算其强度的近似值。

3）磨损及磨耗。

①磨损：材料受摩擦作用而减少质量和体积的现象称为磨损。

②磨耗：材料同时受摩擦和冲击作用而减少质量和体积的现象称为磨耗。

地面、路面等经常受摩擦的部位要求材料有较好的抗磨性能。硬度大、强度高、韧性好、构造均匀致密的材料，抗磨性较好。

2. 材料的耐久性

耐久性是指材料在使用过程中，抵抗各种自然因素及其他有害物质长期作用，能长久保持其原有性质的能力。

耐久性是衡量材料在长期使用条件下的安全性能的一项综合指标，包括抗冻性、抗风化性、抗老化性、耐化学腐蚀性等。

材料在建筑物使用过程中，除材料内在原因使其组成、构造、性能发生变化外，还要长期受到使用条件及各种自然因素的作用，这些作用可概括为以下几个方面。

（1）物理作用：一般是指干湿变化、温度变化、冻融循环等。这些作用会使材料发生体积变化或引起内部裂纹的扩展，而使材料逐渐破坏，如混凝土、岩石、外装修材料的热胀冷缩等。

（2）化学作用：包括酸、碱、盐等物质的水溶液及有害气体的侵蚀作用。这些侵蚀作用会使材料逐渐变质而破坏，如水泥石的腐蚀、钢筋的锈蚀、混凝土在海水中的腐蚀、石膏在水中的溶解作用等。

（3）生物作用：是指菌类、昆虫等的侵害作用，包括使材料因虫蛀、腐朽而破坏，如木材的腐蚀等。

在实际工程中，材料往往受多种破坏因素的同时作用。材料性质不同，其耐久性的内容各不相同。金属材料往往受电化学作用引起腐蚀、破坏，其耐久性指标主要是耐蚀性。无机非金属材料（如石材、砖、混凝土等）常受化学作用、溶解、冻融、风蚀、温差、摩擦等因素综合作用，其耐久性指标更多地包括抗冻性、抗风化性、抗渗性、耐磨性等方面的要求。有机材料常由生物作用、光、热电作用而引起破坏，其耐久性包括抗老化性、耐蚀性指标。

提高材料的耐久性的措施：首先应根据工程的重要性、所处的环境合理选择材料；增强自身对外界作用的抵抗能力，如提高材料的密实度等，或采取保护措施，使主体材料与腐蚀环境相隔离；甚至可以从改善环境条件入手减轻对材料的破坏。

由于耐久性是材料的一项长期性质，所以对耐久性最可靠的判断是在使用条件下进行长期的观察和测定，这样做需要很长的时间。通常是根据使用要求，在试验室进行快速试验，并据此对耐久性做出判断，快速检查的项目有干湿循环、冻融循环、加湿与紫外线干燥循环、碳化、盐溶液浸渍与干燥循环、化学介质浸渍等。

1.2.3 任务小结

本任务主要介绍了建筑材料的各种物理性能及化学性能，并介绍了相应的检测方法。重点介绍了以下内容。

(1) 密度、表观密度、堆积密度。
(2) 材料与水有关的性质。
(3) 材料的力学性质。

任务三   建筑材料检测的相关法律法规

1.3.1 任务目标

● 【知识目标】

了解我国建筑市场关于材料检测方面的有关法律。

● 【能力目标】

能依照我国法律对建筑材料进行建筑活动。

1.3.2 任务实施

我国建筑市场欣欣向荣，建筑施工队伍不断壮大，然而一些施工企业素质低下，技术力量薄弱，对建筑施工规范和质量标准缺乏了解，质量控制能力较差。另一方面各有关部门对施工企业的现场取样缺少必要的监督管理机制，致使原材料的取样或混凝土、砂浆试块制作中存在弄虚作假及不规范操作现象，导致检测单位检验结果不能正确反映工程实体质量，从而使工程上的不合格材料和实体工程质量问题难以发现，给工程留下了安全隐患。因此，建设工程的见证取样和送检工作是工程质量百年大计的第一关，见证取样和送检工作的真实性和代表性直接影响着工程质量检测的公正性、科学性和权威性。

为了保证建设工程质量检测能严格按照见证取样送检制度的有关规定办事，这就必须加强对建设工程质量检测、见证取样和送检工作的宣传，认真贯彻执行国家制定的一系列法律法规和文件，以科学的数据正确地反映出原材料和工程实体的质量。

1.《中华人民共和国建筑法》

《中华人民共和国建筑法》（1997年11月1日中华人民共和国主席令第91号，2011年4月22日第十一届全国人大常委会第20次会议修正）是加强对建筑活动的监督管理，维护建筑市场秩序，保证建筑工程的质量和安全，促进建筑业健康发展的建设领域母法。其中第五十九条规定："建筑施工企业必须按照工程设计要求、施工技术标准和合同约定，对建筑材料、建筑构配件和设备进行检测，不合格的不得使用。"

2.《建设工程质量管理条例》

《建设工程质量管理条例》（2000年1月30日国务院令［第278号］）第三十一条规定："施工人员对涉及结构安全的试块、试件以及有关材料，应当在建设单位或者工程监理单位监督下现场取样，并送具有相应资质等级的质量检测单位进行检测。"第六十五条规定："违反本条例规定，施工单位未对建筑材料、建筑构配件、设备和商品混凝土进行检验，或者未对涉及结构安全的试块、试件以及有关材料取样检测的，责令改正，处10万元以上20万元以下的罚款；情节严重的，责令停业整顿，降低资质等级或者吊销资质证书；造成损失的，依法承担赔偿责任。"

3.《建设工程质量检测管理办法》

《建设工程质量检测管理办法》（2005年9月28日建设部令第141号）依据《中华人民共和国建筑法》《建设工程质量管理条例》而制定，共计三十六条及两个附件，自2005年11月1日起施行。这个办法的实施对规范和强化涉及建筑物、构筑物结构安全的试块、试件以及有关材料检测的工程质量检测机构资质及检测活动起到积极的推动和法制作用。意味着建设工程质量检测不是可有可无或随意而为的行为，是一个法定的建设行为，必须强制执行，只有这样才能保证工程建设的质量和保证检测的结果能真实反映工程和原材料的质量。

《建设工程质量检测管理办法》规定：建设工程质量检测是指工程质量检测机构接受委托，依据国家有关法律、法规和工程建设强制性标准，对涉及结构安全项目的抽样检测和对进入施工现场的建筑材料、构配件的见证取样检测。

检测机构是具有独立法人资格的中介机构。承担见证取样和送检的检测单位应具备省级以上建设行政主管部门的资质证书和质量技术监督部门的计量认证，并接受建设行政主管部门和监督机构的监督管理。检测机构资质证书有效期为3年。没有计量认证的检测单位检测结果是无效的。

4.《试验室和检查机构资质认定管理办法》

《试验室和检查机构资质认定管理办法》(2005 年 12 月 31 日国家质量监督检验检疫总局局务会议公布)自 2006 年 4 月 1 日起施行。根据《中华人民共和国计量法》《中华人民共和国标准化法》《中华人民共和国产品质量法》《中华人民共和国认证认可条例》等有关法律、行政法规的规定,制定本办法。目的是为规范试验室和检查机构资质管理工作,提高试验室和检查机构资质认定活动的科学性和有效性。在中华人民共和国境内,从事向社会出具具有证明作用的数据和结果的试验室和检查机构以及对其实施的资质认定活动应当遵守《试验室和检查机构资质认定管理办法》。试验室和检查机构的资质认定,应当遵循客观公正、科学准确、统一规范、有利于检测资源共享和避免不必要的重复评审、评价、认定的原则。只有经过资质认定的检测机构,才能向社会提供具有证明作用的数据和结果。资质认定的形式包括计量认证和审查认可。

计量认证是指国家认监委和地方质检部门依据有关法律、行政法规的规定,对为社会提供公证数据的产品质量检验机构的计量检定、测试设备的工作性能、工作环境和人员的操作技能和保证量值统一、准确的措施及检测数据公正可靠的质量体系能力进行的考核。

审查认可是指国家认监委和地方质检部门依据有关法律、行政法规的规定,对承担产品是否符合标准的检验任务和承担其他标准实施监督检验任务的检验机构的检测能力以及质量体系进行的审查。

1.3.3 任务小结

本任务主要介绍了我国建筑市场关于材料检测方面的有关法律,学生作相关了解。

任务四 见证取样送样检测制度

1.4.1 任务目标

● 【知识目标】

1. 了解我国建筑市场见证取样送样的范围。
2. 了解见证取样送样的程序。
3. 了解见证人员的基本要求和职责。

【能力目标】

1. 能够明确见证取样的范围。
2. 能依据程序对相关建筑材料进行送检。

1.4.2 任务实施

为保证建设工程质量检测工作的科学性、公正性和准确性,以确定建设工程质量,根据建设部(1996)208号文件《关于加强工程质量检测工作若干意见》及建设部建建(2000)211号文件《房屋建筑工程和市政基础设施工程实行见证取样和送样的规定》的通知规定,由施工单位的现场施工人员对工程涉及结构安全的试块、试件和材料现场取样,并送至经省级以上建设行政主管部门对其资质认可和质量技术监督部门对其计量认证的质量检测单位(以上简称"检测单位")进行检测。即在建设单位或监理单位持证人员见证下,由施工单位持证取样人员现场取样,同时,也在建设单位或监理单位持证人员见证下送至有资格的检测单位进行测试。

1. 见证取样的范围

(1)见证取样的数量。涉及结构安全的试块、试件和材料,见证取样和送样的比例,不得低于有关技术标准中规定应取样数量的30%。

(2)见证取样的范围。按规定下列试块、试件和材料必须实施见证取样和送检:

1)用于承重结构的混凝土试块;
2)用于承重墙体的砌筑砂浆试块;
3)用于承重结构的钢筋及连接接头试件;
4)用于承重墙的砖和混凝土小型砌块;
5)用于拌制混凝土和砌筑砂浆的水泥;
6)用于承重结构的混凝土中使用的掺加剂;
7)地下、屋面、厕浴间使用的防水材料;
8)国家规定必须实行见证取样和送检的其他试块、试件和材料。

(3)见证取样的程序。

1)建设单位应向建设工程质监站和工程检测单位递交"见证单位和见证人员授权书"。授权书应写明本工程现场委托的见证单位名称和见证人员姓名,以便质监机构和检测单位检查核对。

2)施工单位取样人员在现场进行原材料取样和试块制作时,见证人必须在旁见证。

3)见证人员应对试样进行监护,并和施工单位取样人员一起将试样送至检测单位或采取有效的封样措施送样。

4)检测单位在接受委托任务时,须由送检单位填写委托单,见证人应在检验委托单上签名。

5)检测单位应在检验报告单备注栏中注明见证单位和见证人姓名,发生试样不合格情况,首先要通知建设工程质监站和见证单位。

2. 见证人员的基本要求和职责

(1)见证人员的基本要求。

1)必须具备见证人员的资格；
2)见证人员应是本工程建设单位或监理单位人员；
3)必须具备初级以上技术职称或具有施工专业知识；
4)经培训考核合格，取得"见证人员证书"；
5)必须具有建设单位的见证人书面授权书；
6)必须向质监站或检测单位递交见证人书面授权书；
7)见证人员的基本情况由省(自治区、直辖市)检测中心备案，每五年换证一次。

(2)见证人员的职责。

1)取样时见证人员必须在现场进行见证；
2)见证人必须对试样进行监护；
3)见证人必须和施工人员一起将试样送至检测单位；
4)有专用送样工具的工地，见证人必须亲自封样；
5)见证人必须在检验委托单上签字，并出示"见证人员证书"；
6)见证对试样的代表性和真实性负有法律责任。

3. 见证取样送样的管理

(1)各地建设行政主管部门是建设工程质量检测见证取样工作的主管部门。建设工程质量监督总站负责对见证取样工作的组织和管理。建设工程质量检测中心负责具体实施。

(2)各检测机构试验室对无见证人员签名的检验委托单及见证人员送样的试样一律拒收；未注明见证单位和见证人员的检验报告无效，不得作为质量保证资料和竣工验收资料，由质监站指定法定检测单位重新检测。

(3)提高见证人员的思想和业务素质，切实加强见证人员的管理，是搞好见证取样的重要保证。实践表明，建立取样员和见证人员工作登记制度是加强见证取样、送样管理的有效措施。通过工作登记制度可分别对取样员和见证员各自的工作进行日常管理，工作登记制度又能反映施工全过程的质量检测情况，也便于质监员的日常检查和质量事故处理。

(4)见证取样和送检必须填写记录，存入工程技术档案。

(5)记录：《见证取样试验委托单》《见证取样送检记录》《见证试验汇总表》。

(6)建设、施工、监理和检测单位凡以任何形式弄虚作假或玩忽职守者，将按有关法规、规章严肃查处，情节严重者，依法追究刑事责任。

1.4.3 任务小结

本任务主要介绍了见证取样的范围和程序，以及工作人员的职责。学生作相关了解。

任务五　检测原始记录及数据处理

1.5.1　任务目标

● 【知识目标】

1. 了解检测原始数据的记录内容。
2. 了解检测数据的处理方法。

● 【能力目标】

1. 能记录检测原始数据。
2. 能对检测数据进行相应处理。

1.5.2　任务实施

原始记录通常是以表格和图表等形式对检测活动所处的条件、观察到的现象、测得的数据和发生的事件进行记载。原始记录的内容是否完整、准确，直接影响到检测结果的公正性、真实性和正确性。检测数据是检测活动的重要结果，必须按照检测依据的要求进行处理，以得出正确的检测结论。

1. 检测原始记录

(1)原始记录应印成一定格式的记录表，包括以下内容：
1)产品名称、型号、规格；
2)产品编号、生产单位、抽样地点；
3)检测项目、检测编号、检测地点；
4)温度、湿度，主要检测仪器名称、型号、编号；
5)检测原始记录数据、数据处理结果；
6)检测人、复核人、试验日期等。

(2)原始记录的基本要求。
1)原始记录是试验检测结果的如实记载，不允许随意更改，不许删减。
2)工程试验检测原始记录一般不得用铅笔填写，应用钢笔或圆珠笔填写，内容应填写完整，应有试验检测人员和计算人员的签名。

3)原始记录如果确需更改,作废数据应画两条水平横线,将正确数据填在上方,盖更改人印章。

4)原始记录应集中保管,保管期一般不得少于两年。保存方式也可以用计算机软盘。

5)原始记录经过计算后的结果即检测结果必须有人校核,校核者必须在本领域有五年以上工作经验。校核者必须在试验检测记录和报告中签字,以示负责。校核者必须认真核对检测数据,校核量不得少于所检项目的5%。

2. 检测数据处理

检测数据是检测活动的重要成果,对检测数据的正确处理,将直接关系到检测结果的正确性。

(1)有效数字。

1)数学观点:有效数字是一个近似数的精度,一个数的相对(绝对)误差都与有效数字有关,有效数字的位数越多,相对数字的位数就越多,相对(绝对)误差就越小。

2)科学试验中有两类数:一类数是其有效位数均可认为无限制,即它们的每位数是确定的,如 π 。另一类数是用来表示测量结果的数,其末位数往往是估读得来的,有一定的误差或不确定性。

3)在正常测量时一般只能估读到仪器最小刻度的1/10。故在记录测量结果时,只允许末位有估读得来的不确定数字,其余数字均为准确数字,这些所记的数字称为有效数字。

4)测量误差相关因素:仪器精度、人们的感官。

5)如游标卡尺测圆柱直径为 32.47 mm,此数值前三位是确定的数字,而第四位是估计值,称此数值有效数字为四位。

6)有效数字——由数字组成的一个数,除最末一位数是不确切值或可疑值外,其余均为可靠性正确值,组成该数的所有数字包括末位数字在内称为有效数字,除有效数字外,其余均为多余数字。

7)对于 0 这个数字,可能是有效数字,也可能是多余数字,如 30.05、1.020 10、0.003 20、120 00。

8)一般约定,末位数的 0 指的是有效数字,如 32.470 mm。

9)取多少位有效数字判定准则:对不需标明误差的数据,其有效位数应取到最末一位数字为可疑数字(不确切或参考数字)。对需要标明误差的数据,其有效位数应取到与误差同一数量级。

(2)数字修约规则。

1)数字修约规则。

①若被舍去部分的数值大于所保留的末位数的 0.5,则末位数加 1。

②若被舍去部分的数值小于所保留的末位数的 0.5,则末位数不变。

③若被舍去部分的数值等于所保留的末位数的 0.5,则末位数单进双不进。

2)修约间隔。修约间隔是指确定修约保留位数的一种方式,修约值为该数值的整数倍。0.5 单位修约指修约间隔为指定数位的 0.5 单位,即修约到指定数位的 0.5 单位。0.2 单位修约是指修约间隔为指定数位的 0.2 单位,即修约到指定数位的 0.2 单位。

3)数值修约进舍规则。

①拟舍去的数字中,其最左面的第一位数字小于5时,则舍去,即保留的各位数字不变。例如,18.243 2只留一位小数时,结果成18.2。

②拟舍去的数字中,其最左面的第一位数字大于5时,则进1。例如,26.484 3只留一位小数时,结果成26.5。如将1 167修约到"百"数位,得$12×10^2$。

③拟舍去的数字中,其最左面的第一位数字等于5,且后面的数字并非全部为0,则进1。例如,15.050 1只留一位小数时,结果为15.1。

④拟舍去的数字中,其最左面的第一位数字等于5,而后无数字或全部为0时,则单进双不进(奇升偶舍法)。例如,15.05→15.0(因为"0"是偶数),15.15→15.2(因为"1"是奇数)。

⑤负数修约时,先将它的绝对值按上述四条规定进行修约,然后在修约值前面加上负号。如将-255修约到"十"数位,则为$-26×10$;如将-0.028 5修约成两位有效位数,则为-0.028。

⑥0.5单位修约时,将拟修约数值乘以2,按指定数位依进舍规则修约,所得数值再除以2。如50.25先乘以2得100.50,修约至100,再除以2,得50.0。

⑦0.2单位修约时,将拟修约数值乘以5,按指定数位依进舍规则引修约,所得数值再除以5。如50.15,乘以5得250.75,修约至251,再除以5,得50.2。

4)数值修约注意事项。拟舍去的数字并非单独的一个数字时,不得对该数值连续进行修约。例如,将15.454 6修约成整数时,不应按15.454 6→15.455→15.46→15.5→16进行,应按15.454 6→15进行修约。

(3)计算法则。

1)加减运算。应以各数中有效数字末位数的数位最高者为准(小数即以小数部分位数最少者为准),其余数均比该数向右多保留一位有效数字,所得结果也多取一位有效数字。如0.21+0.311+0.4=0.21+0.31+0.4=0.92。

2)乘除运算。应以各数中有效数字位数最少者为准,其余数均多取一位有效数字,所得积或商也多取一位有效数字。如0.012 2×26.52×1.068 92=0.012 2×26.52×1.069=0.345 9。

3)平方或开方运算。其结果可比原数多保留一位有效数字。如$585^2=3.422×10^5$。

4)对数运算。所取对数位数应与真数有效数字位数相等。

5)查角度的三角函数。所用函数值的位数通常随角度误差的减少而增多。

6)在所有计算式中,常数π、e的数值和因子等的有效数字位数,可认为无限制,需要几位就取几位。

1.5.3 任务小结

本任务主要介绍了对于检测数据的记录以及处理,重点讲解了关于检测数据处理时的常见情况。学生作相关了解。

项目二

水泥检测技术

水泥是我国重要的建筑材料，在建筑、道路、水利、海洋和国防工程中应用极广，常用来制造各种形式的混凝土、钢筋混凝土及预应力混凝土建筑物。水泥各种性能的好坏直接影响建筑物的质量，这就要求我们熟悉水泥，掌握水泥各种性能检测。

任务一　水泥的基本性能

2.1.1　任务目标

●【知识目标】

1. 了解水泥的基本性能。
2. 掌握水泥技术要求、检测标准与规范。

●【能力目标】

1. 能区分水泥的主要分类。
2. 能区分水泥的主要技术性质。

2.1.2　任务实施

水泥是一种粉状矿物胶凝材料，与水混合后，经过一系列物理化学作用，由可塑性浆体变成坚硬的石状体，并能将散粒材料胶结成为整体。水泥浆体不仅能在空气中凝结硬化，更能在水中凝结硬化，是一种水硬性胶凝材料。

1. 水泥的分类

（1）水泥按其用途和性能分为通用水泥、专用水泥及特种水泥三大类。

1）通用水泥：是指适用于大多数工业、民用建筑工程的硅酸盐系列品种水泥。主要有硅酸盐水泥、普通硅酸盐水泥、矿渣硅酸盐水泥、火山灰质硅酸盐水泥、粉煤灰硅酸盐水泥以及复合硅酸盐水泥。通用水泥国家标准代号及组分见表 2-1-1。

表 2-1-1　通用水泥国家标准代号及组分

品种	代号	组分(质量分数)				
		熟料＋石膏	粒化高炉矿渣	火山灰质混合材料	粉煤灰	石灰石
硅酸盐水泥	P·Ⅰ	100%	—	—	—	—
	P·Ⅱ	≥95%	≤5%	—	—	—
		≥95%	—	—	—	≤5%
普通硅酸盐水泥	P·O	≥80%且<95%	>5%且≤20%			
矿渣硅酸盐水泥	P·S·A	≥50%且<80%	>20%且≤50%	—	—	—
	P·S·B	≥30%且<50%	>50%且≤70%	—	—	—
火山灰质硅酸盐水泥	P·P	≥60%且<80%	—	>20%且≤40%	—	—
粉煤灰硅酸盐水泥	P·F	≥60%且<80%	—	—	>20%且≤40%	—
复合硅酸盐水泥	P·C	≥50%且<80%	>20%且≤50%			

注：百分数表示水泥中掺入混合材料的数量。

2)专用水泥：是指有专门用途的水泥，如油井水泥、中热硅酸盐水泥和粉煤灰硅酸盐水泥等。

专用特种水泥包括：快硬高强水泥、膨胀水泥、自应力水泥、水工水泥、油井水泥、装饰水泥、砌筑水泥、低碱水泥、道路水泥等种类。

3)特性水泥：是指某种性能较突出的一类水泥。如快硬水泥系列、膨胀水泥系列、抗硫酸盐硅酸盐水泥等。

(2)水泥按其主要水硬性物质名称分为硅酸盐水泥系列、硫铝酸盐水泥系列、铝酸盐水泥系列、铁铝酸盐水泥系列、氟铝酸盐水泥系列及其他系列。

2. 水泥的技术性质

要保证工程质量，需保证水泥具有一定的性能。因此水泥质量的好坏很重要，可从它的基本性能反映出来。

根据对水泥的不同物理状态进行测试，其基本性能可分为以下几类。

(1)水泥为粉末状态下测定的物理性能：密度、容重、细度等；

(2)水泥为浆体状态下测定的物理性能：凝结时间(初凝、终凝)、需水性(标准稠度、流动性)、泌水性、保水性、和易性等；

(3)水泥硬化后测定的物理力学性能：强度(抗折、抗拉、抗压)、抗冻性、抗渗性、抗大气稳定性、体积安定性、湿涨干缩体积变化、水化热、耐热性、耐腐蚀性等。

在工程实践中，水泥必须经过基本性能的测定，满足国家标准才能被使用。下面简要介绍水泥的主要技术性质。

(1)细度。水泥是一种粉状物料,它的粗细程度(颗粒大小)称为水泥的细度,是影响水泥性能的重要指标。

水泥颗粒越细,总表面积越大,与水发生水化反应的速度越快,水泥的早期强度越高。然而水泥颗粒细度不能过细,颗粒过细,硬化收缩变大,且易受潮而降低活性,成本变高。国家标准规定硅酸盐水泥的比表面积应大于 300 m^2/kg;同时规定凡细度不符合规定者为不合格品。

(2)标准稠度用水量。为了测定水泥的凝结时间及体积安定性等性能,应该使水泥净浆在一个规定的稠度下进行,这个规定的稠度称为标准稠度。

达到标准稠度时的用水量称为标准稠度用水量,以水与水泥质量之比的百分数表示,按《水泥标准稠度用水量、凝结时间、安定性检验方法》(GB/T 1346—2011)规定的方法测定。

水泥要达到一定的稠度,不同的水泥所需的用水量不同,水泥用水量的高低不仅对混凝土性能影响很大,而且直接影响水泥另外两个重要指标——安定性和凝结时间的检测结果,故通过试验获得水泥标准稠度用水量,不仅能了解水泥的部分性能而且为进行凝结时间和安定行试验做好准备。

水泥标准稠度用水量主要包括填充在水泥颗粒间隙的水颗粒表面吸附的水和矿物水化结合的水,水泥颗粒间隙的水与水泥颗粒形状及其级配有关,水泥颗粒表面吸附的水与细度有关,水化用水与矿物组成有关,故水泥的标准稠度用水量不仅决定于细度和水泥熟料矿物成分,同时水泥的颗粒级配对它也产生不可忽视的影响。

(3)凝结时间。凝结时间分初凝时间和终凝时间。

初凝时间是指水泥从开始加水拌和起至水泥浆开始失去可塑性所需的时间;终凝时间是指从水泥开始加水拌和起至水泥浆完全失去可塑性,并开始产生强度所需的时间(图 2-1-1)。

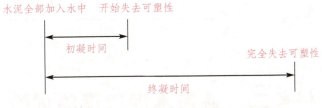

图 2-1-1 水泥凝结时间示意图

为满足水泥的施工要求,水泥初凝时间不宜过短;当施工完毕则要求尽快硬化并具有强度,故终凝时间不宜太长。

水泥的凝结时间按《水泥标准稠度用水量、凝结时间、安定性检验方法》(GB/T 1346—2011)规定的方法测定。硅酸盐水泥初凝时间不得早于 45 min,终凝时间不得迟于 6.5 h,普通水泥初凝时间不得早于 45 min,终凝时间不得迟于 10 h。同时规定:水泥初凝时间不符合规定的水泥属于废品,终凝时间不合格的是不合格品。

(4)体积安定性。水泥体积安定性简称水泥安定性,是指水泥浆硬化后体积变化是否均匀的性质。

当水泥浆体在硬化过程中或硬化后发生不均匀的体积膨胀,会导致水泥石开裂、翘曲等现象,称为体积安定性不良。体积安定性不良会使建筑构件产生膨胀性裂缝,降低建筑物质量,甚至引起严重事故。

引起水泥体积安定性不良的原因主要有熟料中游离氧化钙、游离氧化镁过多或是石膏掺量过多等因素造成的三氧化硫过多。水泥熟料中的氧化钙、氧化镁是在高温下生成的,水化很慢,要在水泥凝结硬化后才慢慢水化,且水化时发生体积膨胀,会在水泥硬化几个月后导致水泥石开裂。

水泥经沸煮法检验后必须合格,体积安定性不合格的水泥不能用于工程中。

(5)强度。水泥强度是水泥的主要技术性质,是评定其质量的主要指标。

以硅酸盐水泥为例,根据《通用硅酸盐水泥》(GB 175—2007)的规定,强度等级按 3 d 和 28 d 的抗压强度和抗折强度来划分,可分为 42.5、42.5R、52.5、52.5R、62.5、62.5R 等 6 个等级,其中有代号 R 的为早强型水泥。各强度等级水泥在各龄期的强度值不得低于国家标准《通用硅酸盐水泥》(GB 175—2007)的规定,参见表 2-1-2 中的数值。

表 2-1-2 硅酸盐水泥各强度等级强度值

强度等级	抗压强度/MPa		抗折强度/MPa	
	3 d	28 d	3 d	28 d
42.5	≥17.0	≥42.5	≥3.5	≥6.5
42.5R	≥22.0	≥42.5	≥4.0	≥6.5
52.5	≥23	≥52.5	≥4.0	≥7.0
52.5R	≥27	≥52.5	≥5.0	≥7.0
62.5	≥28	≥62.5	≥5.0	≥8.0
62.5R	≥32	≥62.5	≥5.5	≥8.0

任务二　通用水泥细度的试验

2.2.1　任务目标

● 【知识目标】

1. 了解测定水泥细度的目的和意义。
2. 熟悉水泥细度的试验仪器。
3. 掌握水泥细度的试验方法。

任务二 通用水泥细度的试验

● 【能力目标】

1. 能应用国家标准《水泥细度检验方法筛析法》(GB/T 1345—2005)测定水泥细度。
2. 能通过负压筛法测定筛余量,评定水泥细度是否达到标准要求。

2.2.2 任务实施

▲【测定原理】

用真空源产生的负压气流作为筛析动力高速气流由喷嘴自下而上喷出,由于喷嘴旋转形成了旋转气流,将筛网上水泥吹起呈悬浮状态,在负压抽吸下小于0.080 mm (0.045 mm)的颗粒吸过筛,并收集起来,而大于0.080 mm(0.045 mm)的颗粒留在筛网上,从而达到筛分的目的。

▲【取样】

(1)试样制备,将水泥试样充分拌匀,通过0.9 mm方孔筛,记录筛余物情况,并烘干1 h[温度在(110±5)℃的烘干箱],取出放入干燥器中冷却到室温。
(2)称取烘干水泥试样25 g。

▲【检测设备】

负压筛,由筛网、筛框和透明盖组成,如图2-2-1所示。筛网为方孔丝,筛孔边长为80 mm;筛网紧绷在筛框上,网框接触防水胶密封。

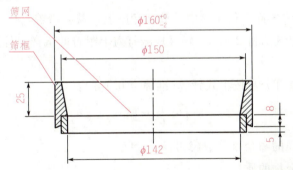

图 2-2-1 负压筛

负压筛析仪,由筛座、负压筛、负压源及收尘器组成,如图2-2-2所示。其中筛座由转速为(30±2) r/min的喷气嘴、负压表、控制板、微电机及壳体组成,如图2-2-3所示。

天平,最大感量100 g,分度值不大于0.05 g。

图 2-2-2 负压筛析仪

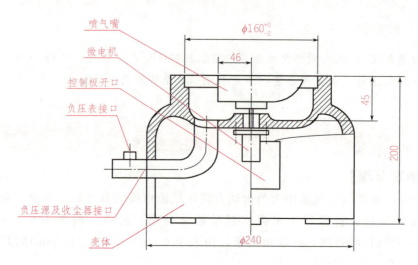

图 2-2-3 负压筛析仪筛座示意图

▲【检测方法】

1. 试验前准备

所用负压筛应保持清洁、干燥。

2. 测定步骤

（1）筛析前，把负压筛放在筛座上，盖上筛盖，接通电源，调节负压为 4 000～6 000 Pa 范围内。

（2）将 25 g 水泥试样置于负压筛中，放在筛座上，盖上筛盖，接通电源。

（3）开动筛析仪连续筛析 2 min，轻轻地敲打盖上附着的试样，停机后，用天平称量筛余物。

（4）水泥试样筛余百分数按下式计算（准确至 0.1%）：

$$F=\frac{R}{W}\times 100\% \tag{2-2-1}$$

式中　F——水泥试样的筛余百分数(%)；

　　　R——水泥筛余物的质量(g)；

　　　W——水泥试样的质量(g)。

试验注意事项：当工作负压小于 4 000 Pa 时，应清理吸尘器内水泥，使负压恢复正常。

（5）合格评定时，每个样品应称取两个试样分别筛析，取筛余平均值为筛析结果。若两次筛余结果绝对误差大于 0.5% 时（筛余值大于 5.0% 时可放至 1.0%）应再做一次试验，取两次相近结果的算术平均值，作为最终结果。

▲【检测报告】

水泥细度试验检测报告见表 2-2-1。

表 2-2-1 水泥细度试验检测报告

样品描述		样品名称	
试验条件		试验日期	
主要仪器设备及编号			
测定方法			

序号	烘干水泥试样质量 W/g	水泥筛余试样质量 R/g	筛余百分数 F（细度）/%	水泥试样筛余百分数平均值/%
1				
2				

备注:

2.2.3 任务小结

本任务主要介绍了通用水泥细度试验的原理、试验仪器、试验方法及试验结果处理等相关知识。如需更全面、深入学习水泥细度测试部分知识，可以查阅《水泥细度检验方法 筛析法》(GB/T 1345—2005)、《水泥取样方法》(GB/T 12573—2008)、《水泥比表面积测定方法 勃氏法》(GB/T 8074—2008)等标准、规范和技术规程。

2.2.4 任务训练

在校内建材实训中心完成通用水泥细度试验。要求明确试验目的，做好试验准备，分组讨论并制订试验方案，认真填写通用水泥细度试验报告。

任务三　水泥标准稠度用水量测定试验

2.3.1　任务目标

●【知识目标】

1. 了解测定水泥标准稠度用水量的目的和意义。
2. 熟悉水泥标准稠度用水量的试验仪器。
3. 掌握水泥标准稠度用水量的试验方法。

●【能力目标】

1. 能应用《水泥标准稠度用水量、凝结时间、安定性检验方法》(GB/T 1346—2011)测定水泥标准稠度用水量。
2. 能通过试验测定水泥净浆达到标准稠度的需水量，作为水泥凝结时间、安定性试验的用水量标准。

2.3.2　任务实施

▲【测定原理】

水泥净浆对标准试杆的沉入具有一定的阻力，通过试验不同含水量的水泥净浆对试杆阻力的不同，可确定水泥净浆达到标准稠度时所需要的水量。

▲【取样】

(1) 称取水泥 500 g；试验用水必须是洁净的淡水，如有争议时可用蒸馏水。

(2) 水泥净浆的拌制。用水泥净浆搅拌机搅拌，搅拌锅和搅拌叶片先用湿布擦拭，将拌和水倒入搅拌锅内，然后在 5～10 s 内小心将称取的 500 g 水泥加入水中，防止水和水泥溅出。拌和时，先将锅放在搅拌机的锅座上，升至搅拌位置，启动搅拌机，低速搅拌 120 s，停 15 s，同时将叶片和锅壁上的水泥浆刮入锅中间，接着高速搅拌 120 s 停机。

▲【检测设备】

标准稠度测定仪(标准法维卡仪)，由支架和底座连接而成，支架上部加工有两个同心的光滑孔，保证滑动部分在测试过程中能垂直下降，如图 2-3-1 和图 2-3-2 所示。

任务三 水泥标准稠度用水量测定试验

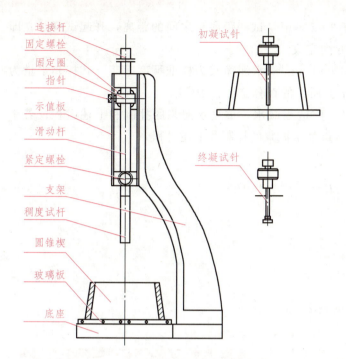

图 2-3-1 水泥净浆标准稠度测定仪构造图

图 2-3-2 水泥净浆标准稠度测定仪

水泥净浆搅拌机，主要由双速电机、传动箱、主轴、偏心座、搅拌叶、搅拌锅、底座、立柱、支座、外罩、程控器等组成，如图 2-3-3 所示。

天平，最大称量不小于 1 000 g，分度值不大于 1 g。

量筒，精度±0.5 mL。

图 2-3-3 水泥净浆搅拌机

▲【检测方法】

1. 试验前准备

(1)标准稠度测定仪的滑动杆能自由滑动。试模和玻璃底板用湿布擦拭，将试模放在底板上。

(2)调整至试杆接触玻璃板时指针对准零点。

(3)搅拌机运行正常。

2. 测定步骤

(1)按照【取样】操作，拌和结束后装模测试，立即将拌和好的水泥净浆装入试模中，用小刀插捣并轻轻振动数次，刮去多余净浆。

(2)抹平后迅速将试模和底板移到维卡仪上，并将其中心定在试杆下，降低试杆直至与水泥净浆表面接触，拧紧螺钉 1~2 s 后，突然放松，使试杆垂直自由地沉入水泥净浆中。

(3)在试杆停止沉入或释放试杆 30 s 时记录试杆距底板之间的距离，升起试杆，立即擦净；整个操作应在搅拌后 1.5 min 内完成。

(4)以试杆沉入净浆并距底板(6±1) mm 的水泥净浆为标准稠度净浆。其拌和水量为该水泥的标准稠度用水量(P)，按水泥质量的百分比计。

(5)当试杆距底板小于 5 mm 时，应适当减水，重复水泥浆的拌制和上述过程；若距离大于 7 mm 时，则应适当加水，并重复水泥浆的拌制和上述过程。

(6)结果整理按下式计算：

$$P=\frac{m_w \rho_w}{500}\times 100\% \qquad (2\text{-}3\text{-}1)$$

式中　　P——标准稠度用水量(%)；

　　　　m_w——拌和用水量(mL)；

　　　　ρ_w——水的密度(g/mL)。

▲【检测报告】

水泥标准稠度用水量检测报告见表 2-3-1。

表 2-3-1　水泥标准稠度用水量检测报告

样品描述		样品名称	
试验条件		试验日期	
主要仪器设备及编号			
测定方法			
试验次数	用水量/mL	试杆距底板距离/mm	标准稠度用水量/%
1			
2			
3			
4			
5			
6			
备注：			

2.3.3　任务小结

本任务主要介绍了水泥标准稠度用水量测定试验的原理、试验仪器、试验方法及试验结果处理等相关知识。同时水泥浆的稀稠,对水泥的凝结时间、体积安定性等技术性质的试验结果影响很大。为了便于对试验结果进行分析比较,必须在相同的稠度下试验。水泥标准稠度用水量的测定是水泥凝结时间、体积安定性试验的基础,为后续水泥相关技术性质检测做好准备工作。如需深入学习水泥标准稠度用水量测定试验,可查阅《水泥取样方法》(GB/T 12573—2008)、《水泥标准稠度用水量、凝结时间、安定性检验方法》(GB/T 1346—2011)等标准、规范和技术规程。

2.3.4　任务训练

在校内建材实训中心完成水泥标准稠度用水量试验。要求明确试验目的,做好试验准备,分组讨论并制订试验方案,认真填写水泥标准稠度用水量试验报告,并做好水泥凝结时间、体积安定性试验的准备工作。

任务四　水泥凝结时间检验

2.4.1　任务目标

● 【知识目标】

1. 了解测定水泥凝结时间的目的和意义。
2. 熟悉水泥凝结时间的试验仪器。
3. 掌握水泥初凝和终凝的概念及凝结时间的试验方法。

● 【能力目标】

能应用《水泥标准稠度用水量、凝结时间、安定性检验方法》(GB/T 1346—2011)测定水泥凝结时间,评定水泥凝结时间是否达到标准要求。

2.4.2 任务实施

▲【测定原理】

水泥凝结时间有初凝与终凝之分。水泥凝结时间用水泥净浆标准稠度与凝结时间测定仪测定,当试针在不同凝结程度的净浆中自由沉落时,试针下沉的深度随凝结程度的提高而减小。根据试针下沉的深度就可判断水泥的初凝和终凝状态,从而确定初凝时间和终凝时间。

▲【取样】

以水泥标准稠度用水量按任务三中【取样】方法制成标准稠度净浆一次装满试模,振动数次刮平,立即放入湿气养护箱中。

▲【检测设备】

水泥净浆搅拌机、标准法维卡仪、天平同水泥标准稠度用水量试验。

沸煮箱,由沸煮箱体、控制器和连接电缆组成,如图 2-4-1 所示。

雷氏夹,由一个环模和两个指针组成,如图 2-4-2 所示。根据《水泥标准稠度用水量、凝结时间、安定性检验方法》(GB/T 1346—2011)的规定,环模直径 30 mm,高度 30 mm,指针长度 150 mm。当一根指针的根部先悬挂在一根金属丝或尼龙丝上,另一根指针的根部再挂上 300 g 的砝码时,两根指针针尖的距离增加在 (17.5±2.5) mm 范围内,当去掉砝码后针尖的距离能恢复至挂砝码前的状态。

图 2-4-1 沸煮箱

图 2-4-2 雷氏夹

▲【检测方法】

1. 初凝时间测定

(1)记录水泥全部加入水中至初凝状态的时间作为初凝时间,用"min"来表示。

(2)试件在湿气养护箱中养护至加水后 30 min 时进行第一次测定。测定时,从湿气养护箱中取出试模放到试针下,降低试针与水泥净浆表面接触。拧紧螺丝 1~2 s 后,突然放松,使试针垂直自由地沉入水泥净浆中。观察试针停止下沉或释放试针 30 s 时的指针读数。

(3)临近初凝时间每隔 5 min 测定一次。当试针沉至距底板(4±1) mm 时，为水泥达到初凝状态。

(4)达到初凝时应立即重复测一次，当两次结论相同时才能定为达到初凝状态。

2. 终凝时间测定

(1)由水泥全部加入水中至终凝状态的时间作为终凝时间，用"min"来表示。

(2)为了准确观测试针沉入的状况，在终凝针上安装了一个环形附件。在完成初凝时间测定后，立即将试模连同浆体以平移的方式从玻璃板取下，翻转180°，直径大端向上、小端向下放在玻璃板上，再放入湿气养护箱中继续养护。

(3)临近终凝时间时每隔 15 min 测定一次，当试针沉入试体 0.5 mm 时，即环形附件开始不能在试体上留下痕迹时，为水泥达到终凝状态。

(4)达到终凝时，应立即重复测一次，当两次结论相同时才能定为达到终凝状态。

3. 注意事项

测定时应注意，在最初测定的操作时应轻轻扶持金属柱，使其徐徐下降，以防止试针撞弯，但结果以自由下落为准；在整个测试过程中试针沉入的位置至少要距试模内壁 10 mm。每次测定不能让试针落入原针孔，每次测试完毕应将试针擦净并将试模放回湿气养护箱内，整个测试过程要防止试模受振。

▲【检测报告】

水泥凝结时间检测报告见表 2-4-1。

表 2-4-1 水泥凝结时间检测报告

样品描述			样品名称		
试验条件			试验日期		
主要仪器设备及编号					
测定方法					
试验次数	开始加水时间 /(h: min)	试针距底板 (4±1) mm 时间 /(h: min)	试针沉入净浆 中 0.5 mm 时间 /(h: min)	初凝时间/min	终凝时间/min
1					
2					
备注:					

2.4.3 任务小结

本任务主要介绍了水泥凝结时间检验试验的原理、试验仪器、试验方法及试验结果处理等相关知识。如需深入学习水泥凝结时间检验试验，可查阅《水泥取样方法》(GB/T 12573—2008)、《水泥标准稠度用水量、凝结时间、安定性检验方法》(GB/T 1346—2011)等标准、规范和技术规程。

2.4.4 任务训练

在校内建材实训中心完成水泥凝结时间检验试验。要求明确试验目的，做好试验准备，分组讨论并制订试验方案，认真填写水泥凝结时间检验试验报告。

任务五　水泥安定性检验

2.5.1 任务目标

【知识目标】

1. 了解测定水泥体积安定性的目的和意义。
2. 熟悉水泥体积安定性的试验仪器。
3. 掌握水泥体积安定性的试验方法。

【能力目标】

能应用《水泥标准稠度用水量、凝结时间、安定性检验方法》(GB/T 1346—2011)检验水泥安定性，评定水泥体积安定性是否符合要求。

2.5.2 任务实施

【测定原理】

雷氏法是通过测定水泥标准稠度净浆在雷氏夹中沸煮后试针的相对位移表征其体积膨胀的程度。

试饼法是通过观测水泥标准稠度净浆试饼沸煮后外形变化情况表征其体积安定性。

有争议时以雷氏法为准。本次试验采用雷氏法。

▲【取样】

以水泥标准稠度用水量按任务三中【取样】方法制成标准稠度净浆。

▲【检测设备】

水泥净浆搅拌机、雷氏夹、沸煮箱同水泥凝结时间测定试验。
雷氏夹膨胀测定仪如图 2-5-1 所示。

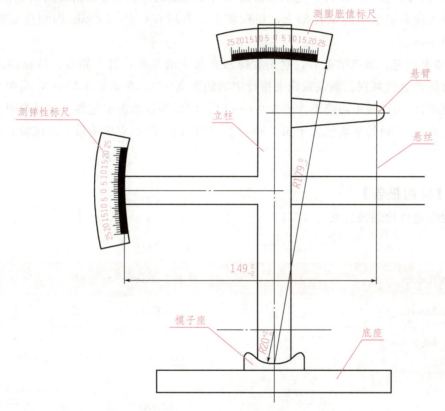

图 2-5-1 雷氏夹膨胀测定仪

天平，称量 2 kg，精度 0.2 g。

▲【检测方法】

1. 试验前准备工作

每个试样需成型两个试件，每个雷氏夹需配备两个边长或直径约 80 mm、厚度 4～5 mm 的玻璃板，凡与水泥净浆接触的玻璃板和雷氏夹内表面都要稍稍涂上一层油(有些油会影响凝结时间，矿物油比较合适)。

2. 雷氏夹试件的成型

将预先准备好的雷氏夹放在已稍擦油的玻璃板上，并立刻将已制好的标准稠度净浆一次装满雷氏夹,装浆时一只手轻轻扶持雷氏夹,另一只手用宽约 25 mm 的直边刀在浆体表面轻轻插捣 3 次,然后抹平,盖上稍涂油的玻璃板,接着立刻将试件移至湿气养护箱内养护(24±2)h。

3. 沸煮

(1)调整好沸煮箱内的水位,使能保证在整个沸煮过程中都超过试件,不需中途添补试验用水,同时又能保证在(30±5) min 内升至沸腾。

(2)脱去玻璃板取下试件,先测量雷氏夹指针尖端的距离(A),精确到 0.5 mm,接着将试件放入沸煮箱水中的试件架上,指针朝上,然后在(30±5) min 内加热至沸并恒沸(180±5) min。

(3)结果判定。沸煮结束后,立刻放掉沸煮箱中的热水,打开箱盖,待箱体冷却至室温,取出试件进行判别。测量雷氏夹指针尖端的距离(C),准确至 0.5 mm,当两个试件煮后增加距离($C-A$)的平均值不大于 5.0 mm 时,即认为该水泥安定性合格,当两个试件煮后增加距离($C-A$)的平均值大于 5.0 mm 时,应用同一样品立即重做一次试验。以复检结果为准。

【检测报告】

水泥安定性检测报告见表 2-5-1。

表 2-5-1 水泥安定性检测报告

样品描述			样品名称		
试验条件			试验日期		
主要仪器设备及编号					
测定方法					
试件编号	A 值/mm	C 值/mm	($C-A$)值/mm		测定结果
			单值	平均值	
1					
2					
备注:					

2.5.3 任务小结

本任务主要介绍水泥安定性试验的原理、试验仪器、试验方法及试验结果处理等相关知识。如需深入学习水泥安定性试验,可查阅《水泥取样方法》(GB/T 12573—2008)、《水泥标准稠度用水量、凝结时间、安定性检验方法》(GB/T 1346—2011)等标准、规范和技术规程。

2.5.4 任务训练

在校内建材实训中心完成水泥安定性检验试验。要求明确试验目的,做好试验准备,分组讨论并制订试验方案,认真填写水泥安定性检验试验报告。

任务六 水泥胶砂强度检验

2.6.1 任务目标

◉ 【知识目标】

1. 了解测定水泥胶砂强度的目的和意义。
2. 熟悉水泥胶砂强度的试验仪器。
3. 掌握水泥胶砂强度的试验方法。

◉ 【能力目标】

能应用《水泥胶砂强度检验方法(ISO 法)》(GB/T 17671—1999)测定水泥胶砂试件 3 d 和 28 d 的抗压强度和抗折强度,评定水泥的强度等级。

2.6.2 任务实施

▲【测定原理】

水泥净浆对标准试杆的沉入具有一定的阻力,通过试验含有不同水量的水泥净浆对试杆阻力的不同,可确定水泥净浆达到标准稠度时所需要的水量。

项目二 水泥检测技术

▲【取样】

水泥与标准砂的质量比为1∶3，水胶比为0.5。每成型三条试件需要称量水泥450 g，标准砂1 350 g，拌和用水量225 mL。

▲【检测设备】

水泥胶砂搅拌机同水泥标准稠度用水量、凝结时间、安定性检测试验。

可卸式三联试模，内腔尺寸为40 mm×40 mm×160 mm。

水泥胶砂振实台结构如图2-6-1所示，水泥胶砂振实台外形如图2-6-2所示。

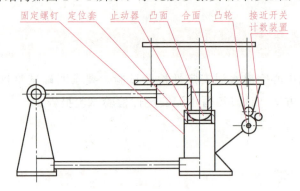

图2-6-1 水泥胶砂振实台结构图

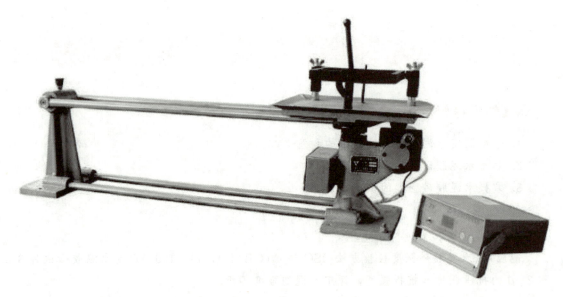

图2-6-2 水泥胶砂振实台外形图

抗折强度试验机，由底座、立柱、上梁、长短拉杆、大小杠杆、仰角指示板、抗折夹具、游动砝码、大小平衡铊、传动电机、传动丝杆及电气控制箱等部件组成，如图2-6-3所示。试件在夹具中受力状态如图2-6-4所示。

任务六 水泥胶砂强度检验

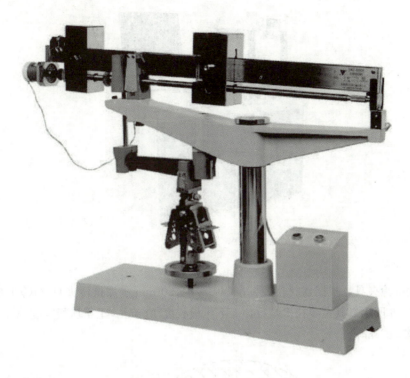

图 2-6-3　水泥抗折强度试验机

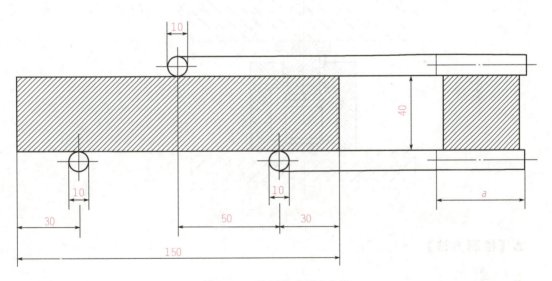

图 2-6-4　抗折强度测定加荷

抗压强度试验机，如图 2-6-5 所示，主要技术参数：最大试验力 300 N，抗压强度试验速率范围为 0～10 N/s，电动机功率为 0.75 W。

图 2-6-5 抗压强度试验机

抗压强度试验夹具，根据建材行业标准《40 mm×40 mm 水泥抗压夹具》(JC/T 683—2005)制造，如图 2-6-6 所示。其主要技术参数：上下压板长度 40 mm，上下压板宽度＞40 mm，上下压板自由距离＞45 mm。

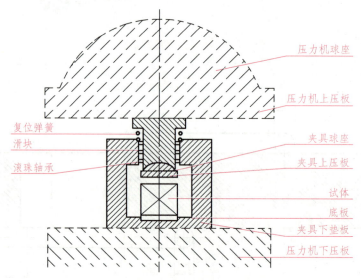

图 2-6-6 抗压强度试验夹具

▲【检测方法】

1. 试件成型

（1）试模，成型前将试模擦净，四周的模板与底座的接触面上应涂黄干油，紧密装配，防止漏浆，内壁均匀刷一层机油。

（2）称量，水泥与标准砂的质量比为 1∶3，水胶比为 0.5。每成型 3 条试件需要称量水泥 450 g，标准砂 1 350 g，拌和用水量 225 mL。

（3）搅拌，将标准砂倒入搅拌机的下料漏斗；将水加入搅拌锅内，再加水泥，把锅放在固定架上，上升至固定位置。按启动按钮后，搅拌机按下列程序进行搅拌：先低速搅拌30 s，在第二个30 s开始的同时均匀将砂子加入，然后高速搅拌30 s，停拌90 s，再高速搅拌60 s。在上述90 s停拌的第一个15 s内，用一胶皮刮具将叶片和锅壁上的胶砂刮入锅中间。

(4)振实，将空试模和模套固定在振实台上。用勺子从搅拌锅里取一半胶砂装入试模，用大播料器垂直架在模套顶部沿每个模槽来回依次将料层播平，接着振实60次。再将剩余的胶砂装入试模，用小播料器播平，再振实60次。

(5)刮平，稍走模套，从振实台上取下试模，放在平台上，用金属直尺以近似90°的角度架在试模模顶的一端，然后沿试模长度方向以横向锯割动作慢慢向另一端移动，一次将超过试模部分的胶砂刮去，并用同一直尺以近乎水平的情况下将试体表面抹平。

(6)标记，在试模上做标记或加字条标明试件编号和试件相对于振实台的位置。

2. 试件养护

试模放入养护箱，养护成型后20～24 h脱模，然后将试件水平或竖直放在(20±1)℃水中养护。脱模前用防水墨汁或颜料笔对试体进行编号和做其他标记，两个龄期以上的试体，在编号时应将同一试模中的3条试体分在两个以上龄期内。

3. 强度测定

(1)抗折强度试验。将试件一个侧面放在试验机支撑圆柱上，试件长轴垂直于支撑圆柱。启动试验机，以(50±10)N/s的速率均匀地加荷，直至折断。

(2)抗压强度试验。将抗折强度试验后的半截试件放入抗压夹具，以试件的侧面作为受压面。启动试验机，以(2 400±200)N/s的速率均匀地加荷直至破坏。

4. 结果测定

(1)抗折强度 R_f 按下式计算(精确至0.1 MPa)：

$$R_f = \frac{1.5 F_f L}{b^3} \tag{2-6-1}$$

式中　F_f——破坏荷载(N)；

　　　L——支撑圆柱中心距($L=100$ mm)；

　　　b——试件正方形截面的边长($b=40$ mm)。

以3个试件测定值的算术平均值为抗折强度的测定结果，计算至0.1 MPa。当3个强度值中有超出平均值±10%时，应剔除后再取平均值作为抗折强度试验结果。

(2)抗压强度 R_c 按下式计算(精确至0.1 MPa)：

$$R_c = \frac{F_c}{A} \tag{2-6-2}$$

式中　F_c——破坏荷载(N)；

　　　A——受压面积(40 mm×40 mm=1 600 mm²)(mm²)。

以6个抗压强度测定值的算术平均值为试验结果。如6个测定值中有1个超出6个平均值的±10%，就应剔除这个测定值，而以剩下5个的平均数为结果。如果5个测定值中再有超过它们平均数±10%的，则此组结果作废。

▲【检测报告】

水泥胶砂强度检测报告见表 2-6-1。

表 2-6-1　水泥胶砂强度检测报告

试验单位						试验规程					
试样名称、来源						试验温度					
试验人						试验日期					
试件编号	水泥强度	养护温度/℃	养生龄期 试验内容	强度		破坏荷载 kN			强度结果 MPa		
						3 d	7 d	28 d	3 d	7 d	28 d
			抗折	1							
				2							
				3							
			平均值								
			抗压	1							
				2							
				3							
				4							
				5							
				6							
			平均值								
备注：											

2.6.3　任务小结

本任务主要介绍了水泥胶砂强度检验的原理、试验仪器、试验方法及试验结果处理等相关知识，测定水泥胶砂试件 3 d 和 28 d 的抗压强度和抗折强度，评定水泥的强度等级。如需深入学习水泥胶砂强度测定试验，可查阅《水泥胶砂强度检验方法（ISO 法）》（GB/T 17671—1999）中的标准、规范和技术规程。

2.6.4　任务训练

在校内建材实训中心完成水泥胶砂强度检测试验。要求明确试验目的，做好试验准备，分组讨论并制订试验方案，认真填写水泥胶砂强度检测试验报告，评定水泥强度等级。

项目三

普通混凝土用砂、石检测技术

普通混凝土（以下简称混凝土）是由水泥、水、砂、石等几种基本组分及外加剂和掺合料按适当比例配制，经搅拌均匀而成的浆体，称为混凝土拌合物，再经凝结硬化成为坚硬的人造石材称为硬化混凝土。硬化后的混凝土结构如图 3-0-1 所示。

砂、石在混凝土中起骨架作用，故也称为骨料（或称集料），骨料可抑制混凝土的收缩，减少水泥用量，提

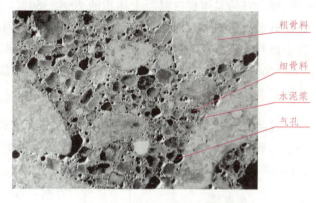

图 3-0-1　硬化混凝土结构

高混凝土的强度及耐久性。水泥和水形成水泥浆，包裹在砂粒表面并填充砂粒之间的空隙而形成水泥砂浆，水泥砂浆又包裹石子并填充石子之间的空隙而形成混凝土。在混凝土硬化前，水泥浆主要起润滑、填充、包裹等作用，赋予混凝土拌合物一定的流动性，以便于施工；在混凝土硬化后，水泥浆主要起胶结作用，把砂、石骨料胶结在一起，成为坚硬的人造石材，使混凝土具备良好的强度和耐久性。

混凝土是一个宏观匀质、微观非匀质的堆聚结构，混凝土的质量和技术性能在很大程度上是由原材料的性质及其相对含量所决定的，同时也与施工工艺（配料、搅拌、捣实成型、养护等）有关。因此，必须了解混凝土原材料的性质、作用及质量要求，合理选择原材料，以保证混凝土的质量。

任务一　普通混凝土用砂、石的基本性能

3.1.1　任务目标

● 【知识目标】

1. 了解普通混凝土用砂、石的基本性质。
2. 掌握普通混凝土用砂、石的技术要求与检测标准。

● 【能力目标】
1. 能区分骨料的主要分类。
2. 能够在砂、石的各项检测中熟练运用其基本性质、技术要求和检测标准。

3.1.2 任务实施

砂、石的总体积占混凝土体积的 70%～80%，因此，砂、石的性能对所配制的混凝土性能有很大影响。为保证混凝土的质量，根据我国《建设用砂》(GB/T 14684—2011)、《建设用卵石、碎石》(GB/T 14685—2011)、《普通混凝土用砂、石质量及检验方法标准》(JGJ 52—2006)的规定，对普通混凝土用骨料的技术性能要求主要有以下几个方面。

1. 骨料的分类

混凝土用骨料按其粒径大小不同，可分为细骨料和粗骨料。粒径为 0.15～4.75 mm 的岩石颗粒称为细骨料；粒径大于 4.75 mm 的岩石颗粒称为粗骨料。骨料的分类如图 3-1-1 所示。

骨料 {
　细骨料（砂：粒径为0.15~4.75 mm）{
　　天然砂：河砂、湖砂、山砂、淡化海砂
　　机制砂（俗称人工砂）：岩石、矿山尾矿或工业废渣颗粒机械破碎、筛分制成
　} 混合砂：由天然砂和人工砂按一定比例混合制成
　粗骨料（石子：粒径大于4.75 mm）{
　　卵石：河卵石、海卵石、山卵石
　　碎石：天然岩石、卵石或矿山废石经机械破碎、筛分制成
　}
}

图 3-1-1　骨料的分类

(1)细骨料。混凝土用砂(细骨料)按产源可分为天然砂和机制砂。

天然砂是自然生成的，经人工开采和筛分的粒径小于 4.75 mm 的岩石颗粒，但不包括软质岩、风化岩石的颗粒。按其产源不同可分为河砂、湖砂、山砂及淡化海砂。河砂、湖砂和淡化海砂由于长期受水流的冲刷作用，颗粒表面比较圆滑、洁净，且产源较广，但海砂中常含有贝壳、碎片及可溶盐等有害杂质。山砂颗粒多具棱角，表面粗糙，砂中含泥量及有机质等有害杂质较多。建筑工程一般采用河砂作细骨料。在混凝土拌合物中，水泥浆包裹骨料的表面，并填充骨料的空隙，为了节省水泥，较低成本，并使混凝土结构达到较高密实度，选择骨料时，应尽可能选用总表面积小、空隙率小的骨料。而砂子的总表面积与粗细程度有关，空隙率则与颗粒级配有关。

机制砂(俗称人工砂)是经除土处理，由机械破碎、筛分制成的，粒径小于 4.75 mm 的岩石、矿山尾矿或工业废渣颗粒，但不包括软质、风化的岩石颗粒。其颗粒尖锐，有棱角，较洁净，但片状颗粒及细粉含量较多，成本较高。

混合砂是由天然砂和人工砂按一定比例混合制成的砂，它执行人工砂的技术要求和检测方法。把天然砂和人工砂相混合，可充分利用地方资源，降低生产成本。一般在当地缺

乏天然砂源时，可采用人工砂或混合砂。

砂按技术要求分为Ⅰ类、Ⅱ类、Ⅲ类共3个类别。Ⅰ类宜用于强度等级大于C60的混凝土；Ⅱ类宜用于强度等级为C30～C60及有抗冻、抗渗或其他要求的混凝土；Ⅲ类宜用于强度等级小于C30的混凝土和砌筑砂浆。

(2)粗骨料。混凝土用石(粗骨料)可分为碎石和卵石两类。

碎石是天然岩石、卵石或矿山废石经机械破碎、筛分制成的，粒径大于4.75 mm的岩石颗粒。卵石是由自然风化、水流搬运和分选、堆积形成的，粒径大于4.75 mm的岩石颗粒，卵石按产源不同可分为河卵石、海卵石、山卵石等。碎石与卵石相比，表面比较粗糙多棱角，表面积大、空隙率大，与水泥的粘结强度较高。因此，在水胶比相同的条件下，用碎石拌制的混凝土流动性较小，但强度较高；而用卵石拌制的混凝土流动性较大，但强度较低。配制混凝土选用碎石还是卵石，要根据工程性质、当地材料的供应情况、成本等各方面综合考虑。

卵石、碎石按技术要求把粗骨料分为Ⅰ类、Ⅱ类、Ⅲ类共3个类别。Ⅰ类宜用于强度等级大于C60的混凝土；Ⅱ类宜用于强度等级为C30～C60及抗冻、抗渗或其他要求的混凝土；Ⅲ类宜用于强度等级小于C30的混凝土。

2. 普通混凝土用砂

(1)颗粒级配及粗细程度。

1)颗粒级配。砂的颗粒级配，是指不同粒径砂颗粒的分布情况。在混凝土中砂粒之间的空隙由水泥浆所填充，为节约水泥和提高混凝土强度，就应尽量减小砂粒之间的空隙。从表示骨料颗粒级配的图3-1-2可以看出：如果用相同粒径的砂，空隙率最大[图3-1-2(a)]；两种粒径的砂搭配起来，空隙率就减小[图3-1-2(b)]；三种粒径的砂搭配，空隙率就更小[图3-1-2(c)]。因此，要减小砂粒间的空隙，就必须用大小不同的颗粒合理搭配。级配良好的砂，不仅可以节省水泥用量，而且可以改善混凝土拌合物的和易性，提高混凝土的密实度、强度和耐久性，还可减少混凝土的干缩及徐变。

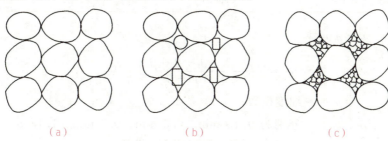

图3-1-2　骨料的颗粒级配

(a)单一粒径；(b)两种粒径；(c)三种粒径

2)粗细程度。砂的粗细程度是指不同粒径的砂粒混合在一起后的总体砂的粗细程度。砂子通常分为粗砂、中砂、细砂三种规格。在砂用量相同条件下，细砂的总表面积较大，粗砂的总表面积较小。在混凝土中砂子表面需用水泥浆包裹，以赋予流动性和粘结强度，砂子的总表面积越大，包裹砂粒表面所需的水泥浆就越多。一般用粗砂配制混凝土比用细砂配制混凝土所需水泥量要少。

混凝土用砂应同时考虑颗粒级配和粗细程度。当砂中含有较多的粗粒径砂,并以适量的中粒径砂及少量细粒径砂填充其空隙时,则砂既具有较小的空隙率又具有较小的总表面积,不仅水泥用量少,而且还可提高混凝土的密实度与强度。

3)砂的粗细程度与颗粒级配的评定。砂的粗细程度和颗粒级配常用筛分析法进行测定,用细度模数 μ_f 来判断砂的粗细程度,用级配区来表示砂的颗粒级配。

筛分析法,采用一套标准的方筛孔,方筛孔边长依次为 0.15 mm、0.3 mm、0.6 mm、1.18 mm、2.36 mm、4.75 mm,称取干砂试样 500 g,将试样倒入按筛孔边长大小从上到下组合的套筛(附筛底)上,然后进行筛分,分别称取留在各筛上的筛余量 m_1、m_2、m_3、m_4、m_5、m_6,计算各筛上的分计筛余百分率(各筛上的筛余量占砂样总质量的百分率) a_1、a_2、a_3、a_4、a_5、a_6 及累积筛余百分率(该筛的分计筛余与筛孔大于该筛的各筛分计筛余之和) β_1、β_2、β_3、β_4、β_5、β_6,累积筛余百分率与分计筛余百分率计算关系见表3-1-1。

表 3-1-1 累积筛余百分率与分计筛余百分率计算关系

方孔筛筛孔边长/mm	筛余量/g	分计筛余百分率/%	累计筛余百分率/%
4.75	m_1	$a_1=\left(\dfrac{m_1}{500}\right)\times 100\%$	$\beta_1=a_1$
2.36	m_2	$a_2=\left(\dfrac{m_2}{500}\right)\times 100\%$	$\beta_2=a_1+a_2$
1.18	m_3	$a_3=\left(\dfrac{m_3}{500}\right)\times 100\%$	$\beta_3=a_1+a_2+a_3$
0.6	m_4	$a_4=\left(\dfrac{m_4}{500}\right)\times 100\%$	$\beta_4=a_1+a_2+a_3+a_4$
0.3	m_5	$a_5=\left(\dfrac{m_5}{500}\right)\times 100\%$	$\beta_5=a_1+a_2+a_3+a_4+a_5$
0.15	m_6	$a_6=\left(\dfrac{m_6}{500}\right)\times 100\%$	$\beta_6=a_1+a_2+a_3+a_4+a_5+a_6$

细度模数 μ_f 的计算公式:

$$\mu_f=\frac{(\beta_2+\beta_3+\beta_4+\beta_5+\beta_6)-5\beta_1}{100-\beta_1} \tag{3-1-1}$$

式中　　　　　　μ_f——细度模数;

β_6、β_5、β_4、β_3、β_2、β_1——分别为 0.15 mm、0.3 mm、0.6 mm、1.18 mm、2.36 mm、4.75 mm 筛的累积筛余百分率。

细度模数 μ_f 越大表示砂越粗。普通混凝土用砂的细度模数范围一般为 3.7~0.7,其中:3.7~3.1 为粗砂;3.0~2.3 为中砂;2.2~1.6 为细砂;1.5~0.7 为特细砂。

对细度模数为 3.7~1.6 的普通混凝土用砂(特细砂除外),颗粒级配可按公称直径 0.6 mm 筛孔的累计筛余百分率划分成Ⅰ、Ⅱ、Ⅲ三个级配区(表3-1-2)。普通混凝土用砂的颗粒级配应处于三个级配区中的任一级配区,才符合级配要求(特殊情况见表中注解)。

表 3-1-2 砂的颗粒级配

砂的分类	天然砂			机制砂		
级配区	Ⅰ区	Ⅱ区	Ⅲ区	Ⅰ区	Ⅱ区	Ⅲ区
方筛孔	累计筛余/%					
4.75 mm	10～0	10～0	10～0	10～0	10～0	10～0
2.36 mm	35～5	25～0	15～0	35～5	25～0	15～0
1.18 mm	65～35	50～10	25～0	65～35	50～10	25～0
0.6 mm	85～71	70～41	40～16	85～71	70～41	40～16
0.3 mm	95～80	92～70	85～55	95～80	92～70	85～55
0.15 mm	100～90	100～90	100～90	97～85	94～80	94～75

注：对于砂浆用砂，4.75 mm 筛孔的累计筛余量应为 0。砂的实际颗粒级配除 4.75 mm 和 0.6 mm 筛档外，可以略有超出，但各级累计筛余超出值总和应不大于 5%。

为了更直观地反映砂的颗粒级配，可将表 3-1-2 的规定绘出级配曲线图，纵坐标为累计筛余，横坐标为筛孔尺寸，如图 3-1-3 所示。通过观察所计算的砂的筛分曲线是否完全落在三个级配区的任一区内，即可判定该砂级配的合格性。同时，也可根据筛分曲线偏向情况大致判断砂的粗细程度，当筛分曲线偏向右下方时，表示砂较粗；筛分曲线偏向左上方时，表示砂较细。

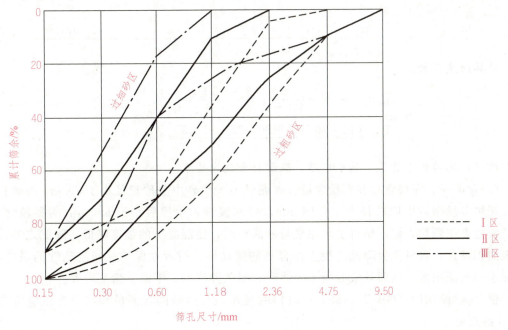

图 3-1-3 砂的级配曲线

一般处于Ⅰ区的砂较粗，属于粗砂，其保水性较差，应适当提高砂率，并保证足够的水泥用量，以满足混凝土的和易性；Ⅲ区砂细颗粒多，配制混凝土的黏聚性、保水性易满足，当混凝土干缩性大，容易产生微裂缝，宜适当降低砂率；Ⅱ区砂粗细适中，级配良好,拌制混凝土时宜优先选用。

在实际工程中,若砂的级配不合适,可采用人工掺配的方法来改善。即将粗、细砂按适当的比例进行掺和使用;或将砂过筛,筛除过粗或过细颗粒。

例 3-1-1 从工地取回水泥混凝土用烘干砂 500 g 做筛分试验,筛分结果见表 3-1-3。计算该砂试样的各筛分参数、细度模数,并判断该砂所属级配区,评价其粗细程度和级配情况。

表 3-1-3 筛分结果

方孔筛筛孔边长/mm	4.75	2.36	1.18	0.6	0.3	0.15	底盘
筛余量/g	25	35	90	125	125	75	35

解: 砂样的各筛分参数计算见表 3-1-4。

表 3-1-4 砂样筛分参数

方孔筛筛孔边长/mm	筛余量/g	分计筛余百分率/%	累计筛余百分率/%
4.75	25	5	5
2.36	35	7	12
1.18	90	18	30
0.6	125	25	55
0.3	125	25	80
0.15	75	15	95
底盘	35	7	100

计算细度模数:

$$\mu_f = \frac{(\beta_2+\beta_3+\beta_4+\beta_5+\beta_6)-5\beta_1}{100-\beta_1}$$

$$= \frac{(12+30+55+80+95)-5\times 5}{100-5} = 2.6$$

所以,此砂位于Ⅱ区,属于中砂,级配符合规定要求。

(2)含泥量、泥块含量和石粉含量。含泥量为天然砂中公称粒径小于 75 μm 的颗粒含量;泥块含量指砂中原粒径大于 1.18 mm,经水浸洗、手捏后小于 600 μm 的颗粒含量。泥通常包裹在颗粒表面,妨碍了水泥浆与砂的粘结,使混凝土的强度降低。除此之外,泥的表面积较大,含量多会降低混凝土拌合物的流动性,或者在保持相同流动性的条件下,增加水和水泥用量,从而导致混凝土的强度、耐久性降低,干缩、徐变增大。

根据《建设用砂》(GB/T 14684—2011)的规定,天然砂的含泥量和泥块含量应符合表 3-1-5 的规定。

表 3-1-5 天然砂的含泥量和泥块含量

类 别	Ⅰ	Ⅱ	Ⅲ
含泥量(按质量计)/%	≤1.0	≤3.0	≤5.0
泥块含量(按质量计)/%	0	≤1.0	≤2.0

任务一　普通混凝土用砂、石的基本性能

石粉含量是人工砂中公称粒径小于 75 μm，而且其矿物组成和化学成分与被加工母岩相同的颗粒含量。石粉与天然砂中的泥成分不同，粒径分布不同，在使用中所起作用也不同。天然砂中泥对混凝土是有害的，必须严格控制；人工砂中过多的石粉含量会妨碍水泥与骨料的粘结，对混凝土无益，但适量的石粉存在对混凝土是有益的。人工砂由机械破碎制成，其颗粒尖锐有棱角，这对骨料和水泥之间的结合是有利的，但对混凝土和砂浆的和易性是不利的，特别是强度等级低的混凝土和易性很差，而有适量石粉的存在，则弥补了这一缺陷。此外，石粉主要是由 40～75 μm 的微细颗粒组成，它的掺入对完善混凝土细骨料的级配，提高混凝土密实性都是有益的，进而可以提高混凝土的综合性能。

为防止人工砂在开采、加工等中间环节掺入过量泥土，测石粉含量前必须先通过亚甲蓝试验检验。亚甲蓝 MB 值的检验或快速检验是用于检测公称粒径小于 75 μm 的物质是纯石粉还是泥土。亚甲蓝 MB 值检验合格的人工砂，石粉含量按 10% 控制使用；亚甲蓝 MB 值不合格的人工砂石粉含量按 1%、3%、5% 控制使用，这就避免了因人工砂石粉中泥土含量过多而给混凝土带来负面影响。根据《建设用砂》(GB/T 14684—2011) 的规定，石粉含量和泥块含量应符合表 3-1-6 和表 3-1-7 的规定。

表 3-1-6　石粉含量和泥块含量(MB 值≤1.4 或快速法试验合格)

类　别	Ⅰ	Ⅱ	Ⅲ
MB 值	≤0.5	≤1.0	≤1.4 或合格
石粉含量①(按质量计)/%		≤10.0	
泥块含量(按质量计)/%	0	≤1.0	≤2.0

① 此指标根据使用地区和用途，经试验验证，可由供需双方协商确定。

表 3-1-7　石粉含量和泥块含量(MB 值>1.4 或快速法试验不合格)

类　别	Ⅰ	Ⅱ	Ⅲ
石粉含量(按质量计)/%	≤1.0	≤3.0	≤5.0
泥块含量(按质量计)/%	0	≤1.0	≤2.0

(3) 有害物质含量。配制混凝土的细骨料要求清洁不含杂质，以保证混凝土的质量。砂中不应混有草根、树叶、树枝、塑料、煤块等杂物，并对云母、轻物质、有机物、硫化物及硫酸盐、氯化物、贝壳的含量作了规定，见表 3-1-8。

表 3-1-8　有害物质限量

类　别	Ⅰ	Ⅱ	Ⅲ
云母(按质量计)/%	≤1.0	≤2.0	
轻物质(按质量计)/%		≤1.0	
有机物		合格	
硫化物及硫酸盐(按 SO_3 质量计)/%		≤0.5	
氯化物(以氯离子质量计)/%	≤0.01	≤0.02	≤0.06
贝壳①(按质量计)/%	≤3.0	≤5.0	≤8.0

① 该指标仅适用于海砂，其他砂种不作要求。

云母呈薄片状，表面光滑，与水泥黏结力差，且本身强度低，会导致混凝土的强度、耐久性降低，对于有抗冻、抗渗要求的混凝土用砂，其云母的质量分数不应大于1.0%。轻物质是指表观密度小于 2 000 kg/m³ 的物质，轻物质与水泥黏结力差，影响混凝土的强度、耐久性。硫化物及硫酸盐对水泥石有腐蚀作用，当砂中含有该杂质时，应进行专门检验，确认能满足混凝土耐久性要求后，方可采用。有机物杂质易于腐烂，腐烂后析出的有机酸对水泥石有腐蚀作用。氯化物的存在会使钢筋混凝土中的钢筋受到腐蚀，因此必须对氯离子的含量进行严格限制。对于海砂中贝壳含量应符合表 3-1-8 中规定，对于有抗冻、抗渗或其他特殊要求的小于或等于 C25 的混凝土用砂，其贝壳含量不应大于5%。

此外，用矿山尾矿、工业废渣生产的机制砂有害物质除应符合表 3-1-8 的规定外，还应符合我国环保和安全相关标准和规范，不应对人体、生物、环境及混凝土、砂浆性能产生有害影响。砂的放射性需符合《建筑材料放射性核素限量》(GB 6566—2010)的规定。

（4）坚固性。坚固性是指砂在自然风化和其他外界物理化学因素作用下抵抗破裂的能力。

1）天然砂的坚固性应采用硫酸钠溶液法检验，称取公称粒径分别为 315～630 μm、0.63～1.25 mm、1.25～2.50 mm 和 2.50～5.00 mm 的试样各 100 g，放入硫酸钠溶液中循环 5 次后，试样砂经 5 次循环后，按式(3-1-2)计算出各粒级试样质量损失率，再按式(3-1-3)计算出试样的总质量损失百分率。

各粒级试样质量损失百分率 δ_{ji} 按式(3-1-2)计算：

$$\delta_{ji} = \frac{m_i - m_i'}{m_i} \tag{3-1-2}$$

式中 δ_{ji}——各粒级试样质量损失百分率(%)；

m_i——各粒级试样试验前的质量(g)；

m_i'——各粒级试样试验后的筛余量(g)。

试样的总质量损失百分率 δ_j 按式(3-1-3)计算：

$$\delta_j = \frac{a_1 \delta_{j1} + a_2 \delta_{j2} + a_3 \delta_{j3} + a_4 \delta_{j4}}{a_1 + a_2 + a_3 + a_4} \tag{3-1-3}$$

式中 δ_j——试样的总质量损失率(%)；

a_1、a_2、a_3、a_4——分别为各粒级质量占试样总质量的百分率(%)；

δ_{j1}、δ_{j2}、δ_{j3}、δ_{j4}——各粒级试样质量损失的百分率(%)。

天然砂的质量损失应符合表 3-1-9 的要求。

表 3-1-9 坚固性指标

类别	Ⅰ	Ⅱ	Ⅲ
质量损失/%	≤8	≤8	≤10

2）人工砂采用压碎指标值来判断砂的坚固性。人工砂采用除了要满足表 3-1-9 的规定外，压碎指标值还应满足表 3-1-10 的规定。

表 3-1-10 压碎指标

类别	Ⅰ	Ⅱ	Ⅲ
单级最大压碎指标/%	≤20	≤25	≤30

压碎指标试验,是将烘干后的试样筛分成 5.00~2.50 mm、2.50~1.25 mm、1.25~0.63 mm、630~315 μm 四个粒级,称取约 300 g 单粒级试样倒入已组装的受压钢模内,以每秒钟 500 N 的速度加荷,加荷至 25 kN 时稳荷 5 s 后,以同样速度卸荷。倒出压过的试样,然后用该粒级的下限筛(如粒级为 5.00~2.50 mm 时,则其下限筛为孔径 2.50 mm 的筛)进行筛分,称出试样的筛余量和通过量,按式(3-1-4)计算第 i 单级砂样的压碎指标(取三次试验结果的算术平均值作为第 i 单粒级压碎指标值,取最大单粒级压碎指标值作为其压碎指标值)。

$$\delta_i = \frac{m_1}{m_0 + m_1} \times 100\% \tag{3-1-4}$$

式中 δ_i——第 i 单级砂样压碎指标值(%);

m_0——试样的筛余量(g);

m_1——通过量(g)。

人工砂的总压碎值指标根据四个单粒级的压碎值指标,按照加权平均值的方法计算,其值应小于 30%。

(5)碱骨料反应。碱骨料反应是指水泥、外加剂等混凝土构成物及环境中的碱与骨料中的碱活性矿物发生反应,在骨料表面生成碱—硅酸凝胶,这种凝胶具有吸水膨胀特性,导致混凝土开裂破坏。对于长期处于潮湿环境的重要混凝土结构用砂,应采用砂浆棒(快速法)或砂浆长度法进行骨料的碱活性检验。经上述检验判断为有潜在危害时,应控制混凝土中的碱含量不超过 3 kg/m³ 或采用能抑制碱骨料反应的有效措施。

3. 普通混凝土用石

(1)最大粒径和颗粒级配。

1)最大粒径。最大粒径是用来表示粗骨料粗细程度的。公称粒级的上限称为该粒级的最大粒径。如:5~20 mm 粒级的粗骨料,其最大粒径为 20 mm。粗骨料的最大粒径增大则该粒级的粗骨料总表面积减小,包裹粗骨料所需的水泥浆量就少。在一定和易性和水泥用量的条件下,能减少用水量提高混凝土强度。对中低强度的混凝土,尽量选择最大粒径较大的粗骨料,但一般不宜超过 40 mm;配制高强混凝土时最大粒径不宜大于 25 mm,因为减少用水量获得的强度提高,被大粒径骨料造成的粘结面减少和内部结构不均匀所抵消。同时,选用粒径过大的石子,会给混凝土搅拌、运输、振捣等带来困难,所以需要综合考虑各种因素来确定石子的最大粒径。

根据《混凝土质量控制标准》(GB 50164—2011)的规定,对于混凝土结构,粗骨料的最大粒径不得大于构件截面最小尺寸的 1/4,且不得大于钢筋最小净距的 3/4;对于混凝土实心板,骨料的最大公称粒径不宜大于板厚的 1/3,且不得大于 40 mm;对于大体积混凝土,粗骨料最大公称粒径不宜小于 31.5 mm,若粗骨料最大公称粒径太小,则限制混凝土变形作用较小；对于高强度混凝土，粗骨料最大公称粒径不宜大于 25 mm；对于泵送混凝土，最大粒径与输送管道内径之比，碎石不宜大于 1∶3，卵石不宜大于 1∶2.5。

2）颗粒级配。粗骨料的颗粒级配原理和要求与细骨料基本相同，也要求有良好的颗粒级配，以减小空隙率，节约水泥，提高混凝土的密实度和强度。

粗骨料颗粒级配好坏的判定也是通过筛分法进行的。取一套方孔筛筛孔边长为 2.36 mm、4.75 mm、9.50 mm、16.0 mm、19.0 mm、26.5 mm、31.5 mm、37.5 mm、53.0 mm、63.0 mm、75.0 mm 及 90.0 mm 的标准筛进行试验。分计筛余百分率及累计筛余百分率的计算与砂相同，按各筛上的累计筛余百分率划分级配。根据《建设用卵石、碎石》(GB/T 14685—2011)的规定，普通混凝土用碎石、卵石的颗粒级配应符合表 3-1-11 的规定。

表 3-1-11 碎石、卵石的颗粒级配

公称粒径/mm		累计筛余/% 方孔筛/mm										
		2.36	4.75	9.50	16.0	19.0	26.5	31.5	37.5	53.0	63.0	75.0	90
连续粒级	5～16	95～100	85～100	30～60	0～10	0							
	5～20	95～100	90～100	40～80	—	0～10	0						
	5～25	95～100	90～100	—	30～70	—	0～5	0					
	5～31.5	95～100	90～100	70～90	—	15～45	—	0～5	0				
	5～40	—	95～100	70～90	—	30～65	—	—	0～5	0			
单粒粒级	5～10	95～100	80～100	0～15	0								
	10～16		95～100	80～100	0～15	0							
	10～20		95～100	85～100	—	0～15	0						
	16～25			95～100	55～70	25～40	0～10	0					
	16～31.5		95～100		85～100	—	—	0～10	0				
	20～40			95～100	—	80～100	—	—	0～10	0			
	40～80					95～100	—	—	70～100	—	30～60	0～10	0

粗骨料的颗粒级配按级配情况分连续粒级和单粒级。连续粒级是指颗粒由小到大连续，每一级粗骨料都占有一定的比例，且相邻两级粒径相差较小（比值＜2），连续粒级的级配，大小颗粒搭配合理，配制的混凝土拌合物和易性好，不易发生分层、离析现象，且水泥用量小，目前多采用连续粒级。单粒级是从 1/2 最大粒径至最大粒径，粒径大小差别小，单粒级一般不单独使用，主要用于组合成具有要求级配的连续粒级，或与连续粒级混合使用，以改善其级配或配成较大粒度的连续粒级，这种专门组配的骨料级配易于保证混凝土质量，便于大型搅拌站使用。

(2) 泥、泥块及有害物质的含量。粗骨料中常含有一些有害杂质，如泥块、淤泥、硫化物、硫酸盐、氯化物和有机物。它们的危害作用与在细骨料中相同。含泥量是指碎石、卵石中粒径小于 75 μm 的颗粒含量；泥块含量指碎石、卵石中原粒径大于 4.75 mm，经水浸洗、手捏后小于 2.36 mm 的颗粒含量。卵石、碎石中泥、泥块及有害物质的含量应符合表 3-1-12 的规定。

任务一 普通混凝土用砂、石的基本性能

表 3-1-12 卵石、碎石中泥、泥块及有害物质的含量

类别	Ⅰ	Ⅱ	Ⅲ
含泥量（按质量计）/%	≤0.5	≤1.0	≤1.5
泥块含量（按质量计）/%	0	≤0.2	≤0.5
有机物	合格	合格	合格
硫化物及硫酸盐（按 SO_3 质量计）/%	≤0.5	≤1.0	

（3）针、片状颗粒含量。为提高混凝土强度和减小骨料间的空隙，粗骨料比较理想的颗粒形状应是三维长度相等或相近的球形或立方体形颗粒，而三维长度相差较大的针、片状颗粒粒形较差。卵石、碎石颗粒的长度大于该颗粒所属相应粒级的平均粒径 2.4 倍者为针状颗粒；厚度小于平均粒径 0.4 倍者为片状颗粒。粗骨料中针、片状颗粒不仅本身受力时容易折断，影响混凝土的强度，而且还会增大骨料的空隙率，使混凝土拌合物的和易性变差。针、片状颗粒含量应符合表 3-1-13 的规定。

表 3-1-13 针、片状颗粒含量

类别	Ⅰ	Ⅱ	Ⅲ
针、片状颗粒总含量（按质量计）/%	≤5	≤10	≤15

（4）强度。为保证混凝土的强度要求，粗骨料必须具有足够的强度。碎石的强度指标有两个：一是岩石抗压强度；二是压碎值指标。卵石的抗压强度可用压碎值指标表示。

1）岩石抗压强度。岩石抗压强度是将母岩制成 50 mm×50 mm×50 mm 的立方体试件或 $\phi 50 \times 50$ mm 的圆柱体试件，在水中浸泡 48 h 以后，取出擦干表面水分，测得其在饱和水状态下的抗压强度值。在水饱和状态下，其抗压强度火成岩应不小于 80 MPa，变质岩应不小于 60 MPa，水成岩应不小于 30 MPa。

2）压碎指标值。压碎指标值是将 3 000 g 风干状态下的公称粒径为 10.0~20.0 mm 的颗粒按规定方法装入压碎指标值测定仪的测定筒内，放好加压头置于压力机上，开动压力机，在 160~300 s 内均匀加荷至 200 kN 并稳荷 5 s，卸荷后取出测定筒。倒出筒中试样并称其质量（m_0），用公称直径为 2.50 mm 的方孔筛筛除被压碎的细粒，称量留在筛上的试样质量（m_1），按下式计算压碎指标值（以三次试验结果的算术平均值作为压碎指标测定值）。

$$\delta_a = \frac{m_0 - m_1}{m_0} \times 100\% \qquad (3\text{-}1\text{-}5)$$

式中　δ_a——压碎指标值（%）；
　　　m_0——试样试验前的质量（g）；
　　　m_1——压碎试验后筛余的试样质量（g）。

压碎指标值是测定碎石或卵石抵抗压碎的能力，可间接地推测其强度的高低，压碎指标应满足表 3-1-14 的规定。

表 3-1-14　压碎指标

类　别	Ⅰ	Ⅱ	Ⅲ
碎石压碎指标/%	≤10	≤20	≤30
卵石压碎指标/%	≤12	≤14	≤16

（5）坚固性。坚固性是指卵石、碎石在自然风化和其他外界物理化学因素作用下抵抗破裂的能力。当骨料由于干湿循环或冻融交替等风化作用引起体积变化而导致混凝土破坏时，即认为坚固性不良。具有某种特征孔结构的岩石会表现出坚固性不良。曾经发现由某些页岩、砂岩等配制的混凝土较易遭受冰冻及骨料内盐类结晶所导致的破坏。骨料越密实、强度越高、吸水率越小，其坚固性越好；而若结构疏松、矿物成分越复杂、不均匀，其坚固性越差。粗骨料坚固性要求及检验方法与细骨料基本相同，采用硫酸钠溶液法进行试验，碎石、卵石经 5 次循环后，其质量损失应符合表 3-1-15 的规定。

表 3-1-15　坚固性指标

类　别	Ⅰ	Ⅱ	Ⅲ
质量损失/%	≤5	≤8	≤12

（6）碱骨料反应。对于长期处于潮湿环境的重要结构混凝土，其所使用的碎石或卵石应进行碱活性检验。进行碱活性检验时，首先应采用岩相法检验碱活性骨料的品种、类型和数量。当检验出骨料中含有活性二氧化硅时，应采用快速砂浆法和砂浆长度法进行碱活性检验；当检验出骨料中含有活性碳酸盐时，应采用岩石柱法进行碱活性检验。

经上述检验，当判定骨料存在潜在碱—碳酸盐反应危害时，不宜用作混凝土骨料，否则，应通过专门的混凝土试验做最后评定。当判定骨料存在潜在碱—硅反应危害时，应控制混凝土中的碱含量不超过 3 kg/m³，或采用能抑制碱骨料反应的有效措施。

4. 骨料的验收、运输和堆放

（1）验收。

1）供货单位应提供砂或石的产品合格证或质量检验报告。

使用单位应按砂或石的同产地同规格分批验收。采用大型工具（如火车、货船、汽车）运输的，以 400 m³ 或 600 t 为一验收批；采用小型工具（如拖拉机等）运输的，应以 200 m³ 或 300 t 为一验收批。不足上述数量者，应按一验收批进行验收。

2）每验收批砂或石至少应进行颗粒级配、含泥量、泥块含量检验。对于碎石或卵石，还应检验针、片状颗粒含量；对于海砂或有氯离子污染的砂，还应检验其氯离子含量；对于海砂，还应检验贝壳含量；对于人工砂及混合砂，还应检验石粉含量。对于重要工程或特殊工程，应根据工程要求，增加检测项目。对其他指标的合格性有怀疑时，应予以检验。

当砂或石的质量比较稳定、进料量又较大时，可以 1 000 t 为一验收批。

当使用新产源的砂或石时，供货单位应按标准规范中的质量要求进行全面的检验。

3）砂或石的数量验收，可按质量计算，也可按体积计算。

测定质量,可用汽车地量衡称量或船舶吃水线为依据。测定体积,可按车皮或船舶的容积为依据。采用其他小型工具运输时,可按量方确定。

(2)运输和堆放。砂或石在运输、装卸和堆放过程中,应防止颗粒离析和混入杂质,并应按产地、种类和规格分别堆放。碎石或卵石的堆料高度不宜超过 5 m,对于单粒级或最大粒径不超过 20 mm 的连续粒级,其堆料高度可增加到 10 m。

任务二　砂的筛分析及泥、泥块含量检测

3.2.1　任务目标

● 【知识目标】

1. 熟悉普通混凝土用砂的取样和试样制备。
2. 熟悉普通混凝土用砂的筛分析、含泥量和泥块含量的检测方法、步骤。

● 【能力目标】

1. 能对砂正确进行现场取样和制备试样。
2. 能对砂的常规检测项目进行检测,精确读取检测数据。
3. 能够按规范要求对检测数据进行处理,评定检测结果,并规范填写检测报告。

3.2.2　任务实施

▲【取样】

1. 取样方法

(1)在料堆上取样时,取样部位应均匀分布。取样前先将取样部位表层铲除,然后从不同部位随机抽取大致等量的砂 8 份,组成一组样品。

(2)从皮带运输机上取样时,应用与皮带等宽的接料器在皮带运输机机头出料处全断面定时随机抽取大致等量的砂 4 份,组成一组样品。

(3)从火车、汽车、货船上取样时,应从不同部位和深度随机抽取大致等量的砂 8 份,组成一组样品。

2. 取样数量

单项试验的最少取样数量应符合表 3-2-1 的规定。若进行几项试验时,如能保证试样

经一项试验后不致影响另一项试验的结果，可用同一试样进行几项不同的试验。

表 3-2-1　单项试验取样数量

序号	试验项目		最少取样数量/kg
1	颗粒级配		4.4
2	含泥量		4.4
3	泥块含量		20.0
4	石粉含量		6.0
5	云母含量		0.6
6	轻物质含量		3.2
7	有机物含量		2.0
8	硫化物与硫酸盐含量		0.6
9	氯化物含量		4.4
10	贝壳含量		9.6
11	坚固性	天然砂	8.0
		机制砂	20.0
12	表观密度		2.6
13	松散堆积密度与空隙率		5.0
14	碱骨料反应		20.0
15	放射性		6.0
16	饱和面干吸水率		4.4

3. 试样处理

（1）用分料器法（图3-2-1）：将样品在潮湿状态下拌和均匀，然后通过分料器，取接料斗中的其中一份再次通过分料器。重复上述过程，直至把样品缩分到试验所需量为止。

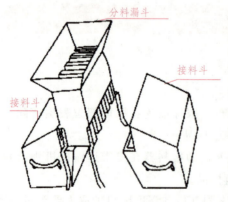

图 3-2-1　分料器

（2）人工四分法：将所取样品置于平板上，在潮湿状态下拌和均匀，并堆成厚度约为20 mm的圆饼，然后沿互相垂直的两条直径把圆饼分成大致相等的四份，取其中对角线的两份重新拌匀,再堆成圆饼。重复上述过程,直至把样品缩分到试验所需量为止。

【检测设备】

1. 砂的筛分析试验设备

(1)试验筛,采用公称直径分别为 9.50 mm、4.75 mm、2.36 mm、1.18 mm、600 μm、300 μm、150 μm 的方孔筛各一只,并附有筛底和筛盖各一只,如图 3-2-2 所示。

(2)天平,称量 1 000 g,感量 1 g。

(3)摇筛机,如图 3-2-3 所示。

(4)烘箱,能使温度控制在(105±5)℃,如图 3-2-4 所示。

(5)浅盘,如图 3-2-5 所示。

(6)硬、软毛刷等。

图 3-2-2　标准砂方孔筛

图 3-2-3　摇筛机

图 3-2-4　烘箱

图 3-2-5　浅盘

2. 砂的含泥量检测设备(标准法)

(1)天平,称量 1 000 g,感量 0.1 g。

(2)烘箱,温度控制范围为(105±5)℃。

(3)试验筛,筛孔公称直径为 75 μm 及 1.18 mm 的方孔筛各一只。

(4)洗砂用的容器及烘干用的浅盘等。

3. 砂的泥块含量检测设备

(1)天平,称量1 000 g,感量0.1 g。

(2)烘箱,温度控制范围为(105±5)℃。

(3)试验筛,筛孔公称直径为600 μm及1.18 mm的方孔筛各一只。

(4)洗砂用的容器及烘干用的浅盘等。

【检测方法】

1. 砂的筛分析试验

(1)用于筛分析的试样,其颗粒的公称粒径不应大于9.50 mm。试验前应先将来样通过公称直径9.50 mm的方孔筛,并计算筛余。称取经缩分后样品不少于550 g两份,分别装入两个浅盘,在(105±5)℃的温度下烘干至恒重,冷却至室温后备用。

(2)准确称取烘干试样500 g(特细砂可称250 g),置于按筛孔大小顺序排列(大孔在上、小孔在下)的套筛的最上一只筛(公称直径为5.00 mm的方孔筛)上;将套筛装入摇筛机内固定,筛分10 min。

(3)取下套筛,按筛孔由大到小的顺序,在清洁的浅盘上逐个进行手筛,直至每分钟的筛出量不超过试样总量的0.1%为止;通过的颗粒并入下一号筛中,并和下一号筛中的试样一起过筛。这样顺序依次进行,直至各号筛全部筛完为止(当试样含泥量超过5%时,应先将试样水洗,然后烘干至恒重,再进行筛分)。

(4)试样在各筛上的筛余量不得超过按式(3-2-1)计算出的剩余量,否则应将该筛的筛余试样分成两份或数份,再次进行筛分,并以筛余量之和作为该筛的筛余量。

$$m_r = \frac{A\sqrt{d}}{200} \quad (3\text{-}2\text{-}1)$$

式中　m_r——某一筛上的剩余量(g);

　　　A——筛面面积(mm^2);

　　　d——筛孔边长(mm)。

(5)称取各筛筛余试样的质量,精确至1 g,所有各筛的分计筛余量和底盘中的剩余量之和与筛分前的试样总量相比,相差不得超过1%。

(6)结果计算与评定:计算分计筛余百分率,分计筛余百分率为各筛上的筛余量除以试样总量的百分率,精确至0.1%;计算累计筛余百分率,累计筛余百分率为该筛的分计筛余百分率与筛孔大于该筛的各筛的分计筛余百分率之和,精确至0.1%;根据各筛两次试验累计筛余百分率的平均值,精确至1%,评定该试样的颗粒级配分布情况;砂的细度模数按式(3-1-1)计算,精确至0.01;细度模数取两次试验结果的算术平均值作为测定值,精确至0.1,当两次试验所得的细度模数之差超过0.20时,应重新取试样进行试验。

2. 砂的含泥量检测

(1)标准法。

1)样品缩分至1 100 g,置于温度为(105±5)℃的烘箱中烘干至恒重,冷却至室温后,称取各为 400 g(m_0)的试样两份备用。

2）取烘干的试样一份置于容器中，并注入饮用水，使水面高出试样面约 150 mm，充分拌匀后，浸泡 2 h，然后用手在水中淘洗试样，使尘屑、淤泥和黏土与砂粒分离，并使之悬浮或溶于水中，缓缓地将浑浊液倒入公称直径为 1.18 mm、75 μm 的方孔套筛（1.18 mm 筛放置于上面）上，滤去小于 75 μm 的颗粒。试验前筛子的两面应先用水浸润，在整个试验过程中应避免砂粒流失。

3）再次加水于容器中，重复上述过程，直到筒内洗出的水清澈为止。

4）用水淋洗剩余在筛上的细粒，并将 75 μm 筛放在水中（使水面略高出筛中砂粒的上表面）来回摇动，以充分洗除小于 75 μm 的颗粒。然后将两只筛上剩余的颗粒和容器中已经洗净的试样一并装入浅盘，置于温度为（105±5）℃的烘箱中烘干至恒重。取出，冷却至室温后，称试样的质量（m_1）。

5）结果计算与评定：

砂中含泥量按式（3-2-2）计算，精确至 0.1%：

$$w_c = \frac{m_0 - m_1}{m_0} \times 100\% \tag{3-2-2}$$

式中　w_c——砂中含泥量（%）；

　　　m_0——试验前的烘干试样质量（g）；

　　　m_1——试验后的烘干试样质量（g）。

以两个试样试验结果的算术平均值作为测定值。两次结果之差大于 0.5% 时，应重取样进行试验。

注：本标准方法适用于测定粗砂、中砂和细砂的含泥量，特细砂中含泥量测定方法需采用虹吸管法。

（2）虹吸管法。

1）称取烘干的试样约 500 g(m_0)，置于容器中，并注入饮用水，使水面高出试样面约 150 mm，浸泡 2 h，浸泡过程中每隔一段时间搅拌一次，确保尘屑、淤泥、黏土与砂分离。

2）用搅拌棒搅拌约 1 min（单方向旋转），用适当宽度和高度的闸板闸水，使水停止旋转。经 20～25 s 后取出闸板，然后从上到下用虹吸管细心地将浑浊液吸出，虹吸管吸口的最低位置应距离砂面不小于 30 mm。

3）再倒入清水，重复上述过程，直到吸出的水与清水的颜色基本一致为止。

4）最后将容器中的清水吸出，把洗净的试样倒入浅盘并放入（105±5）℃烘箱中烘干至恒重，取出，冷却到室温后称量砂的质量（m_1）。

5）结果计算与评定：同标准法。

3. 砂的泥块含量检测

（1）将样品缩分至 5 000 g，置于温度为（105±5）℃的烘箱中烘干至恒，冷却至室温后，用公称直径 1.18 mm 的方孔筛筛分，取筛上的砂不少于 400 g 分为两份备用。特细砂按实际筛分量。

（2）称取试样约 200 g（m_1）置于容器中，并注入饮用水，使水面高出试样面约 150 mm。充分拌匀后，浸泡 24 h，然后用手在水中碾碎泥块，再把试样放在公称直径为 600 μm 的方孔筛上，用水淘洗，直至水清澈为止。

（3）保留下来的试样应小心地从筛里取出，装入浅盘后，置于温度为（105±5）℃的烘箱中烘干至恒重，冷却后称重（m_2）。

（4）结果计算与评定：

砂中泥块含量按式（3-2-3）计算，精确至 0.1%。

$$w_{c,L}=\frac{m_1-m_2}{m_1}\times 100\% \tag{3-2-3}$$

式中　$w_{c,L}$——泥块含量（%）；

m_1——试验前的干燥试样质量（g）；

m_2——试验后的干燥试样质量（g）。

以两次试样试验结果的算术平均值作为测定值。

▲【检测报告】

普通混凝土用砂检测报告见表 3-2-2。

表 3-2-2　普通混凝土用砂检测报告

质控（建）表　　　　　　　　　　　　　　　　　　　　　共　页　第　页

工程名称					报告编号	
委托单位				委托编号	报告日期	
施工单位				品种	产地	
委托日期		检验日期		样品编号	代表数量/m³	
使用部位				检验性质	委托检验	
序号	检验项目	检验结果	筛分检验结果			
1	表观密度/(kg·m⁻³)		筛孔/mm	累计筛余/%		
2	堆积密度/(kg·m⁻³)		4.75			
3	紧密密度/(kg·m⁻³)		2.36			
4	吸水率/%	1.18				
5	含水率/%	0.60				
6	含泥量/%	0.30				
7	泥块含量/%	0.15				
8	坚固性/%		细度模数			
9	云母含量/%		检验仪器		仪器名称：检定证书编号：	
10	轻物质含量/%					
11	硫化物硫酸盐含量/%					
12	有机物含量/%		检验依据			
13	氯离子含量/%		检验结论			
备注						

批准：　　　　　审核：　　　　　校核：　　　　　检验：

3.2.3 任务小结

本任务详细介绍了砂的筛分析及泥、泥块含量检测的见证取样、设备选用、检测方法等相关知识,主要以普通混凝土用砂常规检测项目为主。如需更全面、深入学习普通混凝土用砂的各项检测技术知识,可以查阅《建设用砂》(GB/T 14684—2011)、《普通混凝土用砂、石质量及检验方法标准》(JGJ 52—2006)等标准和规范。

3.2.4 任务训练

在校内建材实训中心完成砂的筛分析试验、含泥量检测和泥块含量检测。要求明确检测目的,准备检测材料与设备,分组讨论制订检测方案,小组合作完成检测任务,认真填写检测报告,做好自我评价与总结。

任务三 石的筛分析及泥、泥块含量检测

3.3.1 任务目标

● 【知识目标】
1. 熟悉普通混凝土用石的取样和试样制备。
2. 熟悉普通混凝土用石的筛分析、含泥量和泥块含量的检测方法、步骤。

● 【能力目标】
1. 能对石正确进行现场取样和制备试样。
2. 能对石的筛分析、含泥量和泥块含量进行检测,精确读取检测数据。
3. 能够按规范要求对检测数据进行处理,评定检测结果,并规范填写检测报告。

3.3.2 任务实施

▲【取样】

🔍 1. 取样方法

(1)在料堆上取样时,取样部位应均匀分布。取样前先将取样部位表层铲除,然后从

不同部位随机抽取大致等量的石子 16 份(在料堆的顶部、中部和底部均匀分布的 16 个不同部位取得)组成一组样品。

(2)从皮带运输机上取样时,应在皮带运输机机尾的出料处用与皮带等宽的接料器,定时随机抽取大致等量的石子 8 份,组成一组样品。

(3)从火车、汽车、货船上取样时,应从不同部位和深度随机抽取大致等量的石子 16 份,组成一组样品。

2. 取样数量

单项试验的最少取样数量应符合表 3-3-1 的规定。若进行几项试验时,如能保证试样经一项试验后不致影响另一项试验的结果,可用同一试样进行几项不同的试验。

表 3-3-1 单项试验碎石或卵石的取样数量　　　　　　　　　　　kg

试验项目	最大公称粒径/mm						
	10.0	16.0	20.0	25.0	31.5	40.0	63.0	80.0
筛分析	8	15	16	20	25	32	50	64
表观密度	8	8	8	8	12	16	24	24
含水率	2	2	2	2	3	3	4	6
吸水率	8	8	16	16	16	24	24	32
堆积密度、紧密密度	40	40	40	40	80	80	120	120
含泥量	8	8	24	24	40	40	80	80
泥块含量	8	8	24	24	40	40	80	80
针、片状含量	1.2	4	8	12	20	40	—	—
硫化物及硫酸盐	1.0							

3. 试样处理

将所取样品置于平板上,在自然状态下拌和均匀,并堆成锥体,然后沿互相垂直的两条直径把锥体分成大致相等的 4 份,取其对角线的两份重新拌匀,再堆成锥体。重复上述过程,直至把样品缩分到试验所需量为止。

▲【检测设备】

1. 石的筛分析试验设备

(1)试验筛,采用筛孔公称直径分别为 100.0 mm、80.0 mm、63.0 mm、50.0 mm、40.0 mm、31.5 mm、25.0 mm、20.0 mm、16.0 mm、10.0 mm、5.00 mm 和 2.50 mm 的方孔筛以及筛的底盘和盖各一只(筛框直径为 300 mm),如图 3-3-1 所示。

(2)天平和秤,天平的称量 5 kg,感量 5 g;秤的称量 20 kg,感量 20 g。

(3)烘箱,能使温度控制在(105±5)℃。

(4)摇筛机、浅盘等。

图 3-3-1　标准石方孔筛

任务三 石的筛分析及泥、泥块含量检测

2. 石的含泥量检测设备(标准法)

(1)秤,称量 20 kg,感量 20 g。

(2)试验筛,筛孔公称直径为 80 μm 及 1.25 mm 的方孔筛各一只。

(3)烘箱,温度控制范围为(105±5)℃。

(4)容器,容积约 10 L 的瓷盘或金属盒。

(5)浅盘等。

3. 石的泥块含量检测设备

(1)秤,称量 20 kg,感量 20 g。

(2)试验筛,筛孔公称直径为 2.50 mm 和 5.00 mm 的方孔筛各一只。

(3)烘箱,温度控制范围为(105±5)℃。

(4)水筒及浅盘等。

【检测方法】

1. 石的筛分析试验

(1)试验前,应将样品缩分至表 3-3-2 所规定的试样最少质量,并烘干或风干后备用。

表 3-3-2 筛分析所需试样的最少质量

最大公称粒径/mm	10.0	16.0	20.0	25.0	31.5	40.0	63.0	80.0
试样最少质量/kg	2.0	3.2	4.0	5.0	6.3	8.0	12.6	16.0

(2)按表 3-3-2 的规定称取试样。

(3)将试样按筛孔大小顺序过筛,当每只筛上的筛余层厚度大于试样的最大粒径值时,应将该筛上的筛余试样分成两份,再次进行筛分,直至各筛每分钟的通过量不超过试样总量的 0.1%(当筛余试样的颗粒粒径比公称粒径大 20 mm 以上时,在筛分过程中,允许手动拨动颗粒)。

(4)称取各筛筛余试样的质量,精确至试样总质量的 0.1%。各筛的分计筛余量和筛底剩余量的总和与筛分前测定的试样总量相比,其相差不得超过 1%。

(5)结果计算与评定。

计算分计筛余百分率:分计筛余百分率为各筛的筛余量与试样总量之比,精确至 0.1%。

计算累计筛余百分率:累计筛余百分率为该筛的分计筛余百分率与该筛以上各筛的分计筛余百分率之和,精确至 1%。

根据各筛的累计筛余百分率,评定该试样的颗粒级配。

2. 石的含泥量检测

(1)检测前,将样品缩分至表 3-3-3 所规定的量(注意防止细粉丢失),并置于温度为(105±5)℃的烘箱内烘干至恒重,冷却至室温后分成两份备用。

表 3-3-3 含泥量试验所需试样的最少质量

最大公称粒径/mm	10.0	16.0	20.0	25.0	31.5	40.0	63.0	80.0
试样最少质量/kg	2	2	6	6	10	10	20	20

(2)称取一份试样(m_0)装入容器中摊平,并注入饮用水,使水面高出石子表面 150 mm,浸泡 2 h 后,用手在水中淘洗颗粒,使尘屑、淤泥和黏土与较粗的颗粒分离,并使之悬浮或溶解于水中。缓缓地将浑浊液倒入公称直径为 1.25 mm 及 80 μm 的方孔套筛(1.25 mm 筛放置上面)上,滤去小于 80 μm 的颗粒。试验前筛子的两面应先用水湿润。在整个试验过程中应注意避免大于 80 μm 的颗粒丢失。

(3)再次加水于容器中,重复上述过程,直至洗出的水清澈为止。

(4)用水冲洗剩留在筛上的细粒,并将公称直径为 80 μm 的方孔筛放在水中(使水面略高于筛内颗粒)来回摇动,以充分洗除小于 80 μm 的颗粒。然后,将两只筛上剩留的颗粒和筒中已洗净的试样一并装入浅盘。置于温度为(105±5)℃的烘箱中烘干至恒重。取出冷却至室温后,称取试样的质量(m_1)。

(5)卵石或碎石中含泥量 w_c 检测结果按式(3-3-1)计算,精确至 0.1%。

$$w_c = \frac{m_0 - m_1}{m_0} \times 100\% \quad (3\text{-}3\text{-}1)$$

式中 w_c——含泥量(%);
  m_0——试验前的烘干试样质量(g);
  m_1——试验后的烘干试样质量(g)。

含泥量检测结果评定以两个试样检测结果的算术平均值作为测定值,两次结果之差大于 0.2% 时,应重新取样进行检测。

3. 石的泥块含量检测

(1)检测前,将样品缩分至略大于表 3-3-3 所示质量,缩分时应注意防止所含黏土块被压碎。缩分后的试样在(105±5)℃的烘箱内烘干至恒重,冷却至室温后分成两份备用。

(2)筛去公称粒径 5.00 mm 以下的颗粒,称取质量(m_1)。

(3)将试样在容器中摊平,加入饮用水使水面高出试样表面,24 h 后把水放出,用手碾压泥块,然后把试样放在 2.50 mm 的筛上摇动淘洗,直至洗出的水清澈为止。

(4)将筛上试样小心地从筛里取出,置于温度(105±5)℃烘箱中烘干至恒重,取出冷却至室温后称取质量(m_2)。

(5)泥块含量 $w_{c,L}$ 检测结果按式(3-3-2)计算,精确至 0.1%:

$$w_{c,L} = \frac{m_1 - m_2}{m_1} \times 100\% \quad (3\text{-}3\text{-}2)$$

式中 $w_{c,L}$——泥块含量(%);
  m_1——公称直径 5 mm 筛上筛余量(g);
  m_2——试验后烘干试样的质量(g)。

以两个试样试验结果的算术平均值作为测定值。

▲【检测报告】

碎石或卵石检测报告见表 3-3-4。

表 3-3-4 碎石或卵石检验报告

质控(建)表　　　　　　　　　　　　　　　　　　　　　　　　　共　页　第　页

工程名称								报告编号			
委托单位								委托编号			
施工单位								样品编号			
检验日期								代表数量/m³			
样品产地					材料种类			委托日期			
使用部位											
检验性质								报告日期			
检测项目		检验结果			检测项目			检验结果			
表观密度/(kg·m⁻³)					筛分析/%						
吸水率/%					堆积密度、紧密密度/(kg·m⁻³)						
含水率/%					硫化物及硫酸盐/%						
含泥量/%					泥块含量/%						
针、片状颗粒含量/%					碱活性						
颗粒级配											
筛孔尺寸/mm	100	80.0	63.0	50.0	40.0	31.5	25.0	20.0	16.0	10.0	5.0	2.50
标准颗粒级配范围累计筛余/%												
实际累计												
检验仪器	仪器名称：					检定证书编号：					
检验依据											
检验结论											
备注											

批准：　　　　　审核：　　　　　校核：　　　　　检验：

3.3.3 任务小结

本任务详细介绍了碎石或卵石的筛分析及泥、泥块含量检测的见证取样、设备选用、检测方法等相关知识，主要以普通混凝土用石常规检测项目为主。如需更全面、深入学习普通混凝土用砂的各项检测技术知识，可以查阅《建设用卵石、碎石》(GB/T 14685—2011)、《普通混凝土用砂、石质量及检验方法标准》(JGJ 52—2006)等标准和规范。

项目三　普通混凝土用砂、石检测技术

3.3.4　任务训练

在校内建材实训中心完成碎石或卵石的筛分析试验、含泥量检测和泥块含量检测。要求明确检测目的,准备检测材料与设备,分组讨论制订检测方案,小组合作完成检测任务,认真填写检测报告,做好自我评价与总结。

任务四　石的针、片状颗粒总含量检测

3.4.1　任务目标

● 【知识目标】

1. 掌握普通混凝土用石的技术要求、检测标准与规范。
2. 熟悉普通混凝土用石的针、片状颗粒总含量的检测方法、步骤。

● 【能力目标】

1. 能对石的针、片状颗粒总含量进行检测,精确读取检测数据。
2. 能够按规范要求对检测数据进行处理,评定检测结果,并规范填写检测报告。

3.4.2　任务实施

▲【取样】

详见任务三 3.3.2 中的【取样】。

▲【检测设备】

(1)针状规准仪(图 3-4-1)和片状规准仪(图 3-4-2),或游标卡尺(图 3-4-3)。
(2)天平和秤,天平的称量 2 kg,感量 2 g;秤的称量 20 kg,感量 20 g。
(3)试验筛,筛孔公称直径分别为 5.00 mm、10.0 mm、20.0 mm、25.0 mm、31.5 mm、40.0 mm、63.0 mm 和 80.0 mm 的方孔筛各一只,根据需要选用。
(4)卡尺。

任务四 石的针、片状颗粒总含量检测

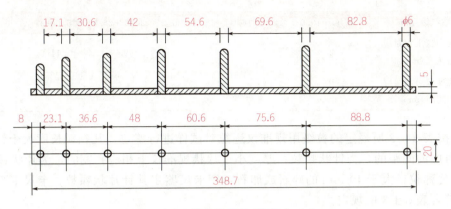

图 3-4-1 针状规准仪(单位：mm)

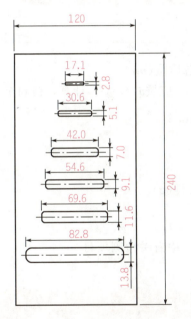

图 3-4-2 片状规准仪(单位：mm)

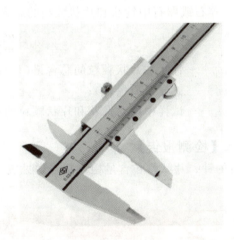

图 3-4-3 游标卡尺

▲【检测方法】

(1)将样品在室内风干至表面干燥，并缩分至表 3-4-1 规定的质量，称量(m_0)，然后筛分成表 3-4-2 所规定的粒级备用。

表 3-4-1 针状和片状颗粒的总含量试验所需的试样最少质量

最大公称粒径/mm	10.0	16.0	20.0	25.0	31.5	≥40.0
试样最少质量/kg	0.3	1	2	3	5	10

表 3-4-2　针状和片状颗粒的总含量试验的粒级划分及其相应的规准仪孔宽或间距

公称粒级/mm	5.00~10.0	10.0~16.0	16.0~20.0	20.0~25.0	25.0~31.5	31.5~40.0
片状规准仪上相对应的孔宽/mm	2.8	5.1	7.0	9.1	11.6	13.8
针状规准仪上相对应的间距/mm	17.1	30.6	42.0	54.6	69.6	82.8

（2）按表 3-4-2 所规定的粒级用规准仪逐粒对试样进行鉴定，凡颗粒长度大于针状规准仪上相对应的间距的，为针状颗粒；厚度小于片状规准仪上相应孔宽的，为片状颗粒。

（3）公称粒径大于 40 mm 的碎石或卵石可用卡尺鉴定其针片状颗粒，卡尺卡口的设定宽度应符合表 3-4-3 的规定。

表 3-4-3　公称粒径大于 40 mm 用卡尺卡口的设定宽度

公称粒级/mm	40.0~63.0	63.0~80.0
片状颗粒的卡口宽度/mm	18.1	27.6
针状颗粒的卡口宽度/mm	108.6	165.6

（4）称取由各粒级挑出的针状和片状颗粒的总质量（m_1）。

（5）碎石或卵石中针状和片状颗粒的总含量 w_p 应按式（3-4-1）计算，精确至 1%。

$$w_p = \frac{m_1}{m_0} \times 100\% \tag{3-4-1}$$

式中　w_p——针状和片状颗粒的总含量（%）；

　　　m_0——试样总质量（g）；

　　　m_1——试样中所含针状和片状颗粒的总质量（g）。

【检测报告】

石的针、片状颗粒含量检测报告详见表 3-3-4 中有关检测项目。

3.4.3　任务小结

本任务详细介绍了普通混凝土用石（碎石或卵石）中针、片状颗粒总含量检测的见证取样、设备选用、检测方法等相关知识。如需更全面、深入学习普通混凝土用砂的各项检测技术知识，可以查阅《建设用卵石、碎石》（GB/T 14685—2011）、《普通混凝土用砂、石质量及检验方法标准》（JGJ 52—2006）等标准和规范。

3.4.4　任务训练

在校内建材实训中心完成碎石或卵石的针、片状颗粒总含量检测。要求明确检测目的，准备检测材料与设备，分组讨论制订检测方案，小组合作完成检测任务，认真填写检测报告，做好自我评价与总结。

项目四

普通混凝土检测技术

混凝土，简称为"砼(tóng)"，是指由胶凝材料将骨料胶结成整体的工程复合材料的统称。通常讲的混凝土一词是指用水泥作胶凝材料，砂、石作骨料；与水（加或不加外加剂和掺合料）按一定比例配合，经搅拌、成型、养护而得的水泥混凝土，也称普通混凝土。它广泛应用于土木工程，具有抗压强度高、耐久性好、强度等级范围大等特点。这些特点使其使用范围十分广泛，不仅在各种土木工程中使用，在造船业、机械工业、海洋的开发、地热工程等行业，混凝土也是重要的材料。

任务一　普通混凝土的基本性能

混凝土凝结硬化之前，具有流动性和可塑性，这一阶段的混凝土称为混凝土拌合物；硬化后的混凝土称为硬化混凝土，通常称为混凝土。混凝土拌合物的主要性能包括和易性、凝结时间、塑性收缩和塑性沉降，硬化混凝土的主要性能包括强度、变形性能、耐久性。

4.1.1　任务目标

● 【知识目标】

1. 了解普通混凝土的基本性能。
2. 掌握普通混凝土的技术要求与检测标准。

● 【能力目标】

1. 能够检测混凝土的强度并评价其强度等级。
2. 能够检测混凝土拌合物的基本性能，并做出相应调整。

4.1.2 任务实施

1. 混凝土拌合物的基本性能

混凝土拌合物的性能包括和易性、凝结时间、塑性收缩和塑性沉降等。国家标准《普通混凝土拌合物性能试验方法标准》(GB/T 50080—2002)规定，其试验包括：稠度试验、凝结时间试验、表观密度试验、含气量试验和配合比分析试验等。

(1)和易性的概念。混凝土拌合物的和易性又称工作性，它是一项综合的技术性质，包括流动性、黏聚性和保水性等三个方面的含义。

流动性：指混凝土拌合物在自重力或机械振动力作用下易于产生流动、易于输送和易于充满混凝土模板的性质。

黏聚性：指混凝土拌合物在施工过程中保持整体均匀一致的能力。黏聚性好可保证混凝土拌合物在输送、浇灌、成型等过程中，不发生分层、离析，即保证硬化后混凝土内部结构均匀。

保水性：指混凝土拌合物在施工过程中保持水分的能力。保水性好可保证混凝土拌合物在输送、成型及凝结过程中，不发生大的或严重的泌水，既可避免由于泌水产生的大量的连通毛细孔隙，又可避免由于泌水使水在粗骨料和钢筋下部聚积所造成的界面粘结缺陷。保水性对混凝土的强度和耐久性有较大的影响。

由于混凝土和易性内涵较复杂，因而目前尚没有能够全面反映混凝土拌合物和易性的测定方法和指标。通常是以稠度试验来评定和易性。稠度试验包括坍落度与坍落扩展度法以及维勃稠度法。

(2)混凝土凝结时间测定。从混凝土拌合物中筛出砂浆用贯入阻力法来测定坍落度值不为零的混凝土拌合物凝结时间。贯入阻力达到 3.5 MPa 和 28.0 MPa 的时间分别为混凝土拌合物的初凝时间和终凝时间。

1)混凝土和易性的影响因素。和易性的影响因素有：水泥浆量、水胶比、砂率、骨料的品种、规格和质量、外加剂、温度和时间及其他影响因素。下面着重讨论水泥浆量、水胶比和砂率对混凝土和易性的影响。

水泥浆量：指混凝土中水泥及水的总量。混凝土拌合物中的水泥浆，赋予混凝土拌合物以一定的流动性。在水胶比不变的情况下，如果水泥浆越多，则拌合物的流动性越大。但若水泥浆过多，则使拌合物的黏聚性变差。

水胶比：拌制水泥浆、砂浆和混凝土混合料时，水与水泥的质量比称为水胶比(W/C)。水胶比的倒数称为胶水比。在水泥用量不变的情况下，水胶比越小，水泥浆就越稠，混凝土拌合物的流动性便越小。水胶比过大，又会造成混凝土拌合物的黏聚性和保水性不良，而产生流浆、离析现象，并严重影响混凝土的强度。

砂率：指砂用量与砂、石总用量的质量百分比，它表示混凝土中砂、石的组合或配合程度。砂影响混凝土拌合物流动性有两个方面：一方面是砂形成的砂浆可减少粗骨料之间的摩擦力，在拌合物中起润滑作用，所以在一定的砂率范围内随砂率增大，润滑作用越加显著,流动性可以提高;另一方面,在砂率增大的同时,骨料的总表面积随之增大,包裹骨料的水泥浆层变薄,拌合物流动性降低。另外,砂率不宜过小,否则还会使拌合物黏聚性和保水性变差,产生离析、流浆等现象。砂率对混凝土拌合物的和易性有重要影响。

2)混凝土凝结时间影响因素。水泥的水化是混凝土产生凝结的主要原因,但是,混凝土的凝结时间与所用水泥的凝结时间并不一致。因为水胶比的大小会明显影响水泥的凝结时间,水胶比越大,凝结时间越长,一般混凝土的水胶比与测定水泥凝结时间的水胶比是不同的,凝结时间便有所不同。而且混凝土的凝结时间还受温度、外加剂等其他各种因素的影响。坍落度选择范围见表4-1-1。

表 4-1-1 坍落度选择范围

结构种类	坍落度/mm
基础或地面等的垫层、无配筋的大体积结构(挡土墙、基础等)或配筋稀疏的结构	10~30
板、梁和大型及中型截面的柱子等	30~50
配筋密列的结构(薄壁、斗仓、筒仓、细柱等)	50~70
配筋特密的结构	70~90

注:1. 本表是采用机械振捣混凝土时的坍落度,当采用人工捣实混凝土时坍落度可适当增大;
　　2. 当需要配置大坍落度混凝土时,应掺用外加剂;
　　3. 曲面或斜面结构混凝土的坍落度应根据实际需要另行选定;
　　4. 泵送混凝土的坍落度宜为80~180 mm。

2. 硬化混凝土的基本性能

硬化混凝土主要用于在设计的使用寿命期内承受建筑结构的荷载或抵抗各种作用力。强度、变形和耐久性是其最基本的性能。

(1)混凝土强度。混凝土的强度包括抗压强度、抗折强度、抗拉强度、抗弯强度、抗剪强度及与钢筋的粘结强度等。其中,混凝土的抗压强度是抗拉强度的1/20~1/10。混凝土结构常以抗压强度为主要参数进行设计,而且抗压强度与其他强度间有一定的相关性,可以根据抗压强度的大小来估计其他强度。

普通混凝土受压破坏的形式包括:

1)骨料先破坏;

2)水泥石先破坏;

3)水泥石与粗骨料的接合面发生破坏。

第三种破坏形式最有可能发生,因此水泥石与粗骨料接合面的粘结强度就是普通混凝土抗压强度的主要决定因素。

1)抗压强度。

①立方体抗压强度。按照《普通混凝土力学性能试验方法标准》(GB/T 50081—2002)的规定,制作边长150 mm的标准立方体试件,在标准条件[温度(20±30)℃,相对湿度90%以上]下,养护28 d,所测得的抗压强度值为混凝土立方体抗压强度,用$f_{c,c}$表示。在同一盘混凝土中取样制作,每组3个试件。

当采用非标准试件时,须乘以换算系数,见表 4-1-2。

表 4-1-2 混凝土抗压强度试件尺寸选用表

试件种类	试件尺寸/mm	粗骨料最大粒径/mm	换算系数
标准试件	150×150×150	40	1.00
非标准试件	100×100×100	30	0.95
	200×200×200	60	1.05

②轴心抗压强度。为了使测得的混凝土强度接近于混凝土结构的实际情况,在钢筋混凝土结构计算中,计算轴心受压构件(例如柱子、桁架的腹杆等)时,都是采用混凝土的轴心抗压强度作为依据。我国现行国家标准《普通混凝土力学性能试验方法标准》(GB/T 50081—2002)的规定,测定轴心抗压强度采用 150 mm×150 mm×300 mm 棱柱体作为标准试件。试验证明,棱柱体强度与立方体强度的比值为 $(0.7 \sim 0.8) f_{c,p} = (0.7 \sim 0.8) f_{c,c}$。

非标准尺寸的棱柱体试件的截面尺寸为 100 mm×100 mm 和 200 mm×200 mm,测得的抗压强度值应分别乘以换算系数 0.95 和 1.05。

2)抗折强度。道路路面或机场道面用水泥混凝土通常以抗折强度为主要强度指标,抗压强度仅作为参考指标。根据我国现行标准《公路水泥混凝土路面设计规范》(JTG D40—2011)的规定,道路水泥混凝土抗折强度与抗压强度的换算关系见表 4-1-3。

表 4-1-3 道路水泥混凝土抗折强度与抗压强度的关系

抗折强度/MPa	4.0	4.5	5.0	5.5
抗压强度/MPa	25.0	30.0	35.5	40.0

道路水泥混凝土的抗折强度标准试件尺寸为 150 mm×150 mm×550 mm 的小梁,在标准条件下养护 28 d,按三分点加荷方式测定抗折破坏荷载,根据式(4-1-1)计算抗折强度:

$$f_f = \frac{FL}{bh^2} \tag{4-1-1}$$

式中　F——破坏荷载(N);

　　　L——支座间距(mm);

　　　b、h——试件的宽度和高度(mm)。

如采用跨中单点加荷得到的抗折强度,应乘以折算系数 0.85。

3)抗拉强度。混凝土是一种脆性材料,在受拉时很小的变形就要开裂,它在断裂前没有残余变形。混凝土的抗拉强度只有抗压强度的 1/20~1/10,且随着混凝土强度等级的提高,比值降低。混凝土在工作时一般不依靠其抗拉强度。但抗拉强度对于抗开裂性有重要意义,在结构设计中抗拉强度是确定混凝土抗裂能力的重要指标。有时,也用它来间接衡量混凝土与钢筋的粘结强度等。

混凝土抗拉强度采用立方体劈裂抗拉试验来测定,称为劈裂抗拉强度 f_{ts}。该方法的原理是在试件的两个相对表面的中线上,作用着均匀分布的压力,这样就能够在外力作用的竖向平面内产生均布拉伸应力(图 4-1-1),混凝土劈裂抗拉强度应按式(4-1-2)计算。

$$f_{ts} = \frac{2F}{\pi A} = 0.637 \times \frac{F}{A} \quad (4-1-2)$$

式中 f_{ts}——混凝土劈裂抗拉强度(MPa);
  F——试件破坏荷载(N);
  A——试件劈裂面面积(mm^2)。

混凝土轴心抗拉强度 f_t 可按劈裂抗拉强度 f_{ts} 换算得到,换算系数可由试验确定。

4)混凝土立方体抗压强度标准值和强度等级。

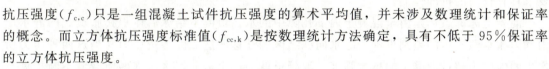

图 4-1-1 混凝土劈裂抗拉试验示意图

①立方体试件抗压强度标准值($f_{cc,k}$)。立方体抗压强度($f_{c,c}$)只是一组混凝土试件抗压强度的算术平均值,并未涉及数理统计和保证率的概念。而立方体抗压强度标准值($f_{cc,k}$)是按数理统计方法确定,具有不低于95%保证率的立方体抗压强度。

②混凝土强度等级。混凝土的强度等级按"立方体抗压强度标准值"划分。我国现行国家标准《普通混凝土力学性能试验方法》(GB/T 50081—2002)规定,普通混凝土按立方体抗压强度标准值划分为:C10、C15、C20、C25、C30、C40、C45、C50、C55 等强度等级。强度等级表示的含义:如 C30,"30"代表 $f_{cc,k}$=30.0 MPa,"C"代表"混凝土"。

强度的范围:某混凝土,其 30 MPa≤$f_{cc,k}$<35 MPa;某混凝土,其 $f_{c,c}$≥30.0 MPa 的保证率为95%。

一般把 C60 以上的称为高强混凝土,见表 4-1-4。

表 4-1-4 混凝土强度等级应用

强度等级	工程应用
<C15	多用于基础工程或大体积混凝土
C15~C25	多用于普通的钢筋混凝土构件
C25~C30	多用于大跨度结构或预制构件
>C30	预应力钢筋混凝土或特种构件

(2)混凝土耐久性。混凝土耐久性是混凝土在实际使用条件下,抵抗各种破坏因素的作用,长期保持强度和外观完整性的能力。

严格地说,耐久性不属于混凝土材料本身的性质(Properties)范畴,而是混凝土在外界环境作用下的表现行为(Performance),主要包括抗冻性、抗碳化、抗化学腐蚀、抗物理侵蚀、抗微生物侵蚀、碱骨料反应、护筋性(钢筋锈蚀)等。

由于这些性能与混凝土抵抗环境介质的渗透性有密切关系,因此常常把抗渗性也归结为耐久性的一个方面。

1)抗渗性。抗渗性是指混凝土抵抗水、油等液体在压力作用下渗透的性能。它直接影响混凝土的抗冻性和抗侵蚀性。

混凝土本质上是一种多孔性材料,混凝土的抗渗性主要与其密度及内部孔隙的大小和构造有关。混凝土内部的互相连通的孔隙和毛细管通路,以及由于在混凝土施工成型时,振捣不实产生的蜂窝、孔洞都会造成混凝土渗水。

我国一般采用抗渗等级来表示混凝土的抗渗性,抗渗等级是按标准试验方法进行试验,用每组6个试件中4个试件未出现渗水时的最大水压力来表示的。如分为P4、P6、P8、P10、P12共5个等级,即相应表示能抵抗0.4 MPa、0.6 MPa、0.8 MPa、1.0 MPa及1.2 MPa的水压力而不渗水。

影响混凝土抗渗性的主要因素是水胶比,水胶比越大水分越多,蒸发后留下的孔隙越多,其抗渗性越差。

2)抗冻性。混凝土的抗冻性是指混凝土在水饱和状态下,经受多次冻融循环作用,能保持强度和外观完整性的能力。在寒冷地区,特别是在接触水又受冻的环境下的混凝土,要求具有较高的抗冻性能。

混凝土冰冻破坏是由于混凝土内部孔隙中的水在负温下结冰后体积膨胀造成的静水压力和因冰水蒸汽压的差别推动未冻水向冻结区的迁移所造成的渗透压力。当这两种压力所产生的内应力超过混凝土的抗拉强度,混凝土就会产生裂缝,多次冻融使裂缝不断扩展直至破坏。

3)混凝土的碳化。混凝土的碳化作用是二氧化碳与水泥石中的氢氧化钙作用,生成碳酸钙和水。碳化过程是二氧化碳由表及里向混凝土内部逐渐扩散的过程。因此,气体扩散规律决定了碳化速度的快慢。碳化引起水泥石化学组成及组织结构的变化,从而对混凝土的化学性能和物理力学性能有明显的影响,主要是对碱度、强度和收缩的影响。

碳化对混凝土性能既有有利的影响,也有不利的影响。碳化使混凝土的抗压强度增大,其原因是碳化放出的水分有助于水泥的水化作用,而且碳酸钙减少了水泥石内部的孔隙。由于混凝土的碳化层产生碳化收缩,对其核心形成压力,而表面碳化层产生拉应力,可能产生微细裂缝,而使混凝土抗拉、抗折强度降低。

4)碱骨料反应。碱骨料反应是指硬化混凝土中所含的碱(Na_2O和K_2O)与骨料中的活性成分发生反应,生成具有吸水膨胀性的产物,在有水的条件下吸水膨胀,导致混凝土开裂的现象。

混凝土只有含活性二氧化硅的骨料、有较多的碱(Na_2O和K_2O)和有充分的水3个条件同时具备时才发生碱骨料反应。因此,可以采取以下措施抑制碱骨料反应:

①选择无碱活性的骨料。

②在不得不采用具有碱活性的骨料时,应严格控制混凝土中总的碱量。

③掺用活性掺合料,如硅灰、矿渣、粉煤灰(高钙高碱粉煤灰除外)等,对碱骨料反应有明显的抑制效果。活性掺合料与混凝土中的碱起反应,反应产物均匀分散在混凝土中,而不是集中在骨料表面,不会发生有害的膨胀,从而降低了混凝土的含碱量,起到抑制碱骨料反应的作用。

④控制进入混凝土的水分。碱骨料反应要有水分,如果没有水分,反应就会大为减少乃至完全停止。因此,要防止外界水分渗入混凝土,以减轻碱骨料反应的危害。

5)抗侵蚀性。混凝土的抗侵蚀性与所用水泥的品种、混凝土的密实程度和孔隙特征有关。密实和孔隙封闭的混凝土，环境水不易侵入，故其抗侵蚀性较强。所以，提高混凝土抗侵蚀性的措施，主要是合理选择水泥品种、降低水胶比、提高混凝土的密实度和改善孔结构。

任务二　混凝土拌合物性能检测

4.2.1　任务目标

●【知识目标】

1. 了解混凝土拌合物的基本性质。
2. 熟悉普通混凝土拌合物的技术参数与检测标准。
3. 掌握普通混凝土拌合物的检测方法和步骤。

●【能力目标】

1. 能够正确抽取、制备混凝土检测用的试样。
2. 能够对混凝土拌合物常规项目进行检测，精确读取试验数据。
3. 能够按规范要求对检测数据进行处理，并评定检测结果。
4. 能够填写规范的原始记录并出具规范的检测报告。

4.2.2　任务实施

▲【取样】

1. 取样方法

（1）用于检查结构构件混凝土拌合物的性能试样，应在混凝土的浇筑地点随机抽取；使用预拌混凝土的，应在交货地点随机从一车中抽取。

（2）每次取样应至少留置一组标准养护试件，同条件养护试件的留置组数应根据实际需要确定。

（3）同一组混凝土拌合物的取样应从同一盘混凝土或同一车混凝土中取样。取样量应多于试验所需量的 1.5 倍，且不小于 20 L。

（4）混凝土拌合物的取样应具有代表性，宜采用多次采样的方法。一般在同一盘混凝土或同一车混凝土中的约 1/4 处、1/2 处和 3/4 处之间分别取样，从第一次取样到最后一次取样不宜超过 15 min，然后人工搅拌均匀。

(5)取样完毕到开始做各项性能试验不宜超过 5 min。

2. 取样频率

(1)检查结构构件混凝土的强度,取样与试件留置应符合下列规定:

1)每拌制 100 盘且不超过 100 m³ 的同配合比的混凝土,取样不得少于一次。

2)每工作班拌制的同一配合比的混凝土不足 100 盘时,取样不得少于一次。

3)当一次连续浇筑超过 1 000 m³ 时,同一配合比的混凝土每 200 m³ 取样不得少于一次。

4)每一楼层、同一配合比的混凝土,取样不得少于一次。

5)每次取样应至少留置一组标准养护试件。同条件养护试件的留置组数应根据实际需要确定。

(2)对有抗渗和抗冻要求的混凝土结构,其混凝土试件应在浇筑地点随机取样。同一工程、同一配合比的混凝土,取样应不少于一次,留置组数可根据实际需要确定。

(3)混凝土坍落度测定频率没有硬性规定,一般与强度试件的取样频率相同;其他项目的检测根据相关方事先约定的进行。

【检测设备】

1. 坍落度和坍落扩展度试验设备

(1)坍落度筒,坍落度筒是由薄钢板或其他金属制成的圆台形筒,其内壁应光滑、无凹凸部分。底面和顶面应互相平行并与锥体的轴线垂直。在坍落度筒外 2/3 高度处应安装两个把手,下端应焊两个脚踏板。筒的内部尺寸为:底部直径(200±2) mm;顶部直径(100±2) mm;高度(300±2) mm;筒壁厚度不小于 1.5 mm。

(2)金属捣棒,直径 16 mm,长 600 mm 的钢棒,端部应磨圆。

(3)钢尺和直尺,300~500 mm,最小刻度 1 mm;如图 4-2-1 所示。

图 4-2-1　坍落度筒、平尺、捣棒、装料漏斗

(4)铁板,尺寸 600 mm×600 mm,厚度 3~5 mm,表面平整。

(5)小铁铲、抹刀等。

2. 维勃稠度试验设备

(1)维勃稠度仪(图4-2-2),主要由坍落度筒、容器、振动台和透明圆盘组成。

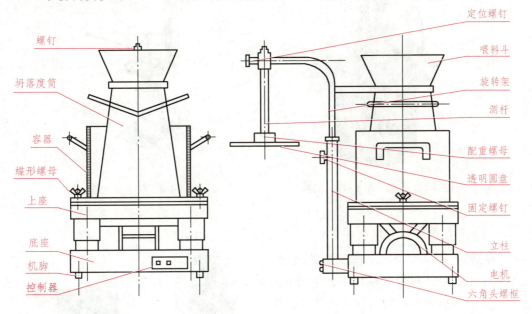

图 4-2-2 维勃稠度仪结构图

(2)捣棒、小铲、抹刀、秒表。

3. 混凝土拌合物含气量试验设备

(1)气压式含气量测定仪(图4-2-3),容器及盖体的材质及尺寸应符合国家标准《普通混凝土拌合物性能试验方法标准》(GB/T 50080—2002)的有关规定,压力表应定期检查,精度应满足试验要求。

(2)捣棒,直径16 mm、长600 mm的钢棒,端部应磨圆。

(3)震动台,频率(50±3) Hz,空载时的振幅应为(0.5±0.1) mm。

(4)台秤,称量50 kg,感量50 g。

(5)其他设备,打气筒、玻璃板、吸液管、木桶、木槌、抹刀等。

4. 混凝土凝结时间检测设备

(1)贯入阻力仪(图4-2-4),最大测量值不小于1 000 N,刻度盘分度值为10 N。

(2)测针,长约100 mm,平面针头圆面积分为100 mm^2、50 mm^2和20 mm^2 3种,在距离贯入端25 m处刻有标记。

(3)试模,上口径为160 mm,下口径为150 mm,净高150 mm的刚性容器,并配有盖子。

(4)捣捧,直径16 mm,长650 mm。

(5)标准筛,孔径5 mm。

(6)其他,铁制拌合板、吸液管和玻璃片。

项目四 普通混凝土检测技术

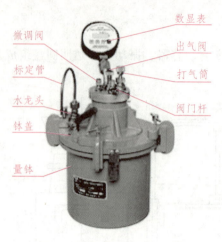

图 4-2-3 气压式含气量测定仪

图 4-2-4 贯入阻力仪

5. 混凝土表观密度检测设备

(1)容量筒(图 4-2-5),金属制成的圆筒,两旁装有手把。对骨料最大粒径不大于 40 mm 的拌合物采用容积为 5 L 的容量筒,其内径与筒高均为(186±2) mm,筒壁厚为 3 mm;骨料最大粒径大于 40 mm 时,容量筒的内径与筒高均应大于骨料最大粒径的 4 倍。容量筒上缘及内壁应光滑平整,顶面与底面应平行并与圆柱体的轴垂直。

(2)台秤,称量 50 kg,感量 50 g。

(3)振动台,频率应为(50±3) Hz,空载时的振幅应为(0.5±0.1) mm。

图 4-2-5 各种规格的容量筒

(4)捣棒,直径 16 mm、长 600 mm 的钢棒,端部应磨圆,呈弹头形。

【检测方法】

1. 坍落度和坍落扩展度检测方法

(1)用水湿润坍落度筒及其他用具,并把坍落度筒放在已准备好的铁板上,然后用脚踩住两边的脚踏板,使坍落度筒在装料时保持在固定的位置。

(2)把按要求取得的混凝土试样用小铁铲分三层均匀地装入筒内,使捣实后每层高度为筒高的 1/3 左右。每层用捣棒插捣 25 次,插捣应沿螺旋方向由外向中心进行,各次插捣应在截面上均匀分布。插捣筒边混凝土时,捣棒可以稍稍倾斜;插捣底层时,捣棒应贯穿整个深度;插捣第二层和顶层时,捣棒应插透本层至下一层的表面。插捣过程中,如混凝土沉落到低于筒口,则应随时添加,顶层插捣完后,刮去多余的混凝土,并用抹刀抹平。

(3)清除筒边底板上的混凝土后,垂直平稳地提起坍落度筒。坍落度筒的提离过程应在5~10 s内完成。从开始装料到提坍落度筒的整个过程应不间断地进行,并应在150 s内完成。

(4)提起坍落度筒后,测量筒高与坍落后的混凝土试体最高点之间的高度差,即为该混凝土拌合物的坍落度值。坍落度筒提离后,如混凝土发生崩坍或一边剪坏现象,则应重新取样另行测定。如第二次试验仍出现上述现象,则表示该混凝土和易性不好,应予记录备查。

(5)观察坍落后的混凝土试体的黏聚性与保水性。黏聚性的检查方法是用捣棒在已坍落的混凝土锥体侧面轻轻敲打,此时如果锥体逐渐下沉(或保持原状),则表示黏聚性良好;如果锥体倒塌、部分崩裂或出现离析现象,则表示黏聚性不好。保水性以混凝土拌合物中稀浆析出的程度来评定,坍落度筒提起后如有较多的稀浆从底部析出,锥体部分的混凝土拌合物也因失浆而骨料外露,则表明其保水性能不好;如坍落度筒提起后无稀浆或仅有少量稀浆自底部析出,则表示其保水性能良好。

(6)混凝土拌合物坍落度以毫米为单位,测量精确至1 mm,结果修约至5 mm,如图4-2-6所示。

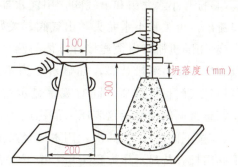

图4-2-6 混凝土坍落度检测结果

2. 维勃稠度试验方法

(1)把维勃稠度仪放在坚实水平的平台上,用湿布把容器、坍落度筒、喂料斗内壁及其他用具湿润。

(2)将喂料斗提到坍落度筒上方扣紧,校正容器位置,使其轴线与喂料斗轴线重合,然后拧紧蝶形螺母。

(3)把按要求取得的混凝土试样用小铲将料分三层装入坍落度筒内,每层料捣实后约为高度的1/3,每层截面上用捣棒均匀插捣25次,插捣第二层和顶层时应插透本层,并使捣棒刚刚进入下一层顶层,插捣完毕后刮平顶面。

(4)使喂料斗、圆盘转离,垂直地提起坍落度筒,此时并应注意不使混凝土试样产生横向扭动。

(5)把透明圆盘转到混凝土圆台体顶面,放松定位螺钉,降下圆盘,使其能轻轻接触到混凝土顶面。

(6)按控制器"启动/停止"按钮,同时按下秒表计时,当振动到透明圆盘的底面被水泥浆布满的瞬间再按"启动/停止"按纽,同时按下秒表停止计时,振动停止,读出秒表数值即为该混凝土拌合物的维勃稠度值。

注:如提起坍落度筒,试体坍边或剪坏,则试样作废并另取试样重做,如连续两次都发生这些现象,则所取混凝土不能做这项试验。

3. 混凝土拌合物含气量试验方法

（1）进行混凝土拌合物含气量测定时，先用湿布把容器和盖的内表面擦净，然后装入混凝土试样进行捣实。

（2）将混凝土拌合物分三层装入，每层捣实后的高度约为容器高度的1/3。每层插捣25次，各次插捣均匀分布在截面上，插捣底层时捣棒应贯穿整个深度，插捣第二层时捣棒应插透本层至下一层表面。每层捣完后可把捣棒垫在容器底部，将容器左右交替地颠击地面各15次。

（3）捣实完毕后立即用刮尺刮平，表面如有凹陷应给予填平，然后用抹刀抹平，使表面光滑。如需同时测定混凝土拌合物的表观密度，在此时可称量计算得出。然后在正对操作阀孔的混凝土表面贴一小片塑料薄膜，擦净容器上口边缘，放好密封垫圈，加盖拧紧螺栓。

（4）打开小水龙头和出气阀，用注水器从小水龙头处往量钵中注水直至水从出气阀出水口流出，再关紧小水龙头和出气阀，关好其余阀门。

（5）用随机所带电缆连接好钵体与测显仪表，打开仪表电源开关，并按动"功能"按钮，使仪表处于压力测量状态，如显示压力不为"0"，可按一下调整按钮，调整仪表显示"0"值。用打气筒打气加压，同时观察显示窗口，使压力显示值稍大于 0.1 MPa，稳定几秒钟，调整微调阀使显示仪表压力值稳定在 0.1 MPa（0.1 MPa 为仪器初始压力）。

（6）按下阀门杆 2~3 次，用木槌轻敲量钵的四周，使压力均匀分布于试样各处，再次按下阀门杆，待显示压力稳定后，按下仪表"功能"按钮读出所测混凝土拌合物样品的仪器测定含气量。

（7）如两次测值相差大于 0.2% 时（绝对值）则进行第三次测定。如第三次测定结果与前两次中最接近的值相差仍大于 0.2% 时，则此次试验无效。填写试验记录。数据记录至 0.1%。

4. 混凝土凝结时间检测方法

（1）检测步骤。

1）取混凝土拌合物代表样，用 5 mm 筛尽快地筛出砂浆，再经人工翻拌后，装入一个试模。每批混凝土拌合物取一个试样，共取 3 个试样，分装 3 个试模。

2）对于坍落度不大于 70 mm 的混凝土宜用振动台振实，应持续到表面出浆为止且应避免过振；对于坍落度大于 70 mm 的宜用捣棒人工捣实，沿螺旋方向由外向中心均匀插捣 25 次，然后用橡皮锤轻击试模侧面以排除在捣实过程中留下的空洞。进一步整平砂浆表面，使其低于试模上沿约 10 mm，砂浆试样筒应立即加盖。

3）试件静置于（20±2）℃或尽可能与现场相同的环境中，并在以后的试验中，环境温度始终保持（20±2）℃。在整个测试过程中，除在吸取泌水或贯入试验外，试筒应始终加盖。

4）约 1 h 后，将试件一侧稍微垫高 20 mm，使其倾斜静置约 2 min，用吸管吸去泌水。以后每到测试前约 2 min，同上步骤用吸管吸去泌水（低温或缓凝的混凝土拌合物试样，静置与吸水间隔时间可适当延长）。若在贯入测试前还有泌水，也应吸干。

5）测试时将砂浆试样筒放在贯入阻力仪底座上，记录刻度盘上显示的砂浆和容器总质量。

6)根据试样的贯入阻力大小,选择适宜的测针。一般当砂浆表面测孔出现微裂缝时,应立即改换较小截面积的测针,见表4-2-1。

表4-2-1 测针选用规定表

单位面积贯入阻力/MPa	0.2~3.5	3.5~20.0	20.0~28.0
平头测针圆面积/mm²	100	50	20

7)先使测针端部刚刚接触砂浆表面,然后转动手轮,使测针在(10±2)s内垂直且均匀地插入试样内,深度为(25±2)mm,记下刻度盘显示的增量,精确至10 N。并记下从开始加水拌和起所经过的时间(精确至1 min)及环境温度(精确至0.5 ℃)。测定时,测针应距试模边缘至少25 mm,测针贯入砂浆各点间净距至少为所用测针直径的两倍且不小于15 mm。3个试模每次各测1~2点,取其算术平均值为该时间的贯入阻力值。

8)每个试样作贯入阻力试验应在0.2~28 MPa范围内,且不小于六次,最后一次的单位面积贯入阻力应不低于28 MPa。从加水拌和起,常温下普通混凝土3 h后开始测定,以后每次间隔0.5 h;早强混凝土或在气温较高的情况下,则宜在2 h后开始测定,以后每隔0.5 h测一次;缓凝混凝土或在低温情况下,可在5 h后开始测定,每隔2 h一次。在临近初凝、终凝时可增加测定次数。

(2)试验结果。

1)单位面积贯入阻力按下式计算:

$$f_{PR}=P/A \tag{4-2-1}$$

式中 f_{PR}——单位面积贯入阻力(MPa);

P——测针贯入深度为25 mm时的贯入压力(N);

A——贯入测针截面面积(mm²)。

2)以单位面积贯入阻力为纵坐标,测试时间为横坐标,绘制单位面积贯入阻力与测试时间关系曲线。经3.5 MPa及28 MPa画两条平行于横坐标的直线,则直线与曲线相交点的横坐标即为初凝时间。

3)凝结时间取3个试样的平均值。3个测值中的最大值或最小值,如果有一个与中间值之差超过中间值的10%,则以中间值为试验结果;如果最大值与最小值与中间值之差均超过中间值的10%时,则此试验无效。凝结时间用"h:min"表示,并精确至5 min。

5.混凝土表观密度试验方法

(1)用湿布把容量筒内外擦干净,称出筒重,精确至50 g。

(2)混凝土装料及捣实方法应根据拌合物的稠度而定。坍落度不大于70 mm的混凝土,用振动台振实为宜;大于70 mm的用捣棒捣实为宜。采用捣棒捣实时,应根据容量筒的大小决定分层与插捣次数。用5 L的容量筒时,混凝土拌合物应分两层装入,每层的插捣次数应为25次;用大于5 L的容量筒时,每层混凝土的高度不应大于100 mm,每层插捣次数应按每10 000 mm²截面不小于12次计算。各次插捣应由边缘向中心均匀地插捣,插捣底层时捣棒应贯穿整个深度;插捣第二层时,捣棒应插透本层至下一层的表面。

每一层捣完后用橡皮锤轻轻沿容器外壁敲打 5～10 次,进行振实,直至拌合物表面插捣孔消失并不见大气泡为止。采用振动台振实时,应一次将混凝土拌合物灌到高出容量筒口。装料时可用捣棒稍加插捣,振动过程中如混凝土拌合物沉落到低于筒口,则应随时添加混凝土拌合物,振动直至表面出浆为止。

(3)用刮尺将筒口多余的混凝土拌合物刮去,表面如有凹陷应予以填平。将容量筒外壁擦净,称出将混凝土试样与容量筒总质量。精确至 50 g。

(4)混凝土拌合物表观密度(γ_h)应按下式计算:

$$\gamma_h = \frac{W_2 - W_1}{V} \times 1\,000 \tag{4-2-2}$$

式中　γ_h——混凝土拌合物表观密度(kg/m³);

W_1——容量筒质量(kg);

W_2——容量筒及试样总质量(kg);

V——容量筒容积(L)。

试验结果精确至 10 kg/m³。

▲【检测报告】

混凝土拌合物配合比检测报告见表 4-2-2。

表 4-2-2　混凝土拌合物配合比检测报告

共 1 页　第 1 页

委托单位				报告编号		
工程名称				检测编号		
工程部位				抗渗等级		
强度等级		混凝土种类		坍落度		
检测依据				送样日期		
环境条件				检测日期		
试验室地址				邮政编码		
检测内容						
材料情况	材料名称	水泥	砂	碎石	石子	水
	生产单位、产地					
	品种、等级、规格				/	
	主要技术指标实测结果	/	细度模数	/	/	/
			含泥量/%	含泥量/%	含泥量/%	
	材料名称		掺合料	外加剂 1	外加剂 2	
	生产单位、产地		/	/	/	
	品种、规格、型号		/	/	/	

任务三　硬化混凝土性能检测

续表

混凝土配合比							
每立方米材料用量/kg	水泥	砂	石子	水	掺合料	外加剂1	外加剂2
					/	/	/
质量配合比					/	/	/
水胶比	养护方法	坍落度/mm	砂率/%	7 d强度/MPa	28 d强度/MPa	抗渗、抗冻等级	
0.56	标养						
检测说明	1. 本试验仅对见证来样负责。 2. 本配比为常温干料设计。 3. 见证人：						

批准：　　　　　　校核：　　　　　　主检：　　　　　　检测单位：（盖章）

4.2.3　任务小结

本次学习任务主要介绍了混凝土拌合物的综合技术性质、坍落度试验、表观密度及含气量等相关知识，主要以常见的试验为主。如需更全面地学习普通混凝土拌合物性能检测，可查阅《混凝土质量控制标准》(GB 50164—2011)、《建筑工程检测见证取样员手册》等标准、规范和技术规程。

4.2.4　任务训练

在校内建材实训中心完成混凝土坍落度、表观密度、含气量、凝结时间单位检测。要求明确检测目的，做好检测准备，分组进行试验准备工作并制订检测方案，认真填写混凝土拌合物试验检测报告和实训。

任务三　硬化混凝土性能检测

4.3.1　任务目标

●【知识目标】

1. 了解混凝土抗压、抗拉、抗折的各项指标。

2. 熟悉硬化混凝土的技术参数与检测标准。
3. 掌握硬化混凝土性能的检测方法和步骤。

◉【能力目标】

1. 能够正确取样、制备混凝土检测用的试样。
2. 能够对硬化混凝土性能常规项目进行检测，精确读取试验数据。
3. 能够按规范要求对检测数据进行处理，并评定检测结果。
4. 能够填写规范的原始记录并出具规范的检测报告。

4.3.2 任务实施

▲【取样】

1. 取样方法

（1）每拌制 100 盘且不超过 100 m³ 的同配合比的混凝土，取样不得少于一次。

（2）每工作班拌制同一配合比的混凝土不足 100 盘时，取样不得少于一次。

（3）每一次连续浇筑超过 1 000 m³ 时，同一配合比的混凝土每 200 m³ 不得少于一次。

（4）建筑地面工程混凝土强度试件每一层（或检验批），每 1 000 m² 取样不得少于一次，每增加 1 000 m² 应增取一次，不足 1 000 m² 的按 1 000 m² 计。当改变配合比时，也应相应增加制作试件取样次数。

（5）基坑工程的地下连续墙，每 50 m³ 应取样一次，每幅槽段不得少于一次。

（6）灌注桩每浇筑 50 m³ 混凝土应取样一次，单桩单柱时，每根桩必须有一组试件。

2. 取样方法及数量

（1）用于出厂检验的混凝土试样应在搅拌地点采取，用于交货检验的混凝土试样应在交货地点采取。

（2）交货检验混凝土试样的采取应在混凝土运到交货地点时开始算起 20 min 内完成，试件的制作应在 40 min 内完成。

（3）每个混凝土试样量应满足混凝土质量检验项目所需用量的 1.5 倍，且不宜少于 0.02 m³。

▲【检测设备】

（1）抗折抗压试验机、压力试验机、万能试验机（图 4-3-1），其精度（示值的相对误差）不大于±2%，试件破坏荷载应大于压力机全程的 20% 且小于压力机全程量的 80%，应具有加荷速度指示装置或加荷速度控制装置，并能均匀、连续地加荷，应具有有效期内的计量检定证书；抗折强度和劈裂抗拉强度应使用专用的支架和加荷头。

（2）振动台（图 4-3-2），由铸铁或钢制成的立方体，应符合《混凝土试验用振动台》(JG/T 245—2009)中技术要求的规定。

任务三 硬化混凝土性能检测

图 4-3-1　各种试验机
(a)抗折抗压试验机；(b)压力试验机；(c)万能试验机；(d)万能试验机构造图

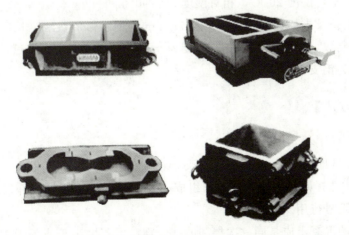

图 4-3-2　振动台

(3)试模(图4-3-3),应符合《混凝土试模》(JG 237—2008)中技术要求的规定,定期对试模进行自检,自检周期宜为3个月。规格根据骨料最大粒径选用,见表4-3-1。

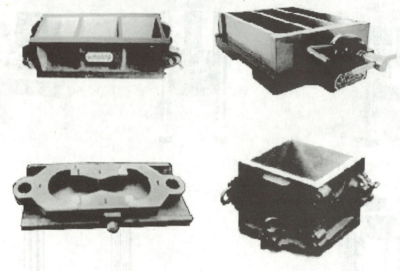

图 4-3-3　各种规格的试模

表 4-3-1　试模尺寸与骨料最大粒径、插捣次数选用表

试模内净尺寸/mm	骨料最大粒径/mm	每层插捣次数	每组约需混凝土量/kg
100×100×100	30	12	9
150×150×150	40	27	30
200×200×200	60	50	65

(4)钢直尺,长600 mm,分度值为1 mm。

(5)捣棒、铁锹、小铲、抹刀。

(6)标准养护室,温度20 ℃,相对湿度大于90%。

(7)垫块、垫条及支架,垫块采用半径75 mm的钢制弧形垫块,长度与试件相同;垫条为三层胶合板制成,宽度为20 mm、厚度为3~4 mm,长度不小于试件长度,垫条不得重复使用;支架为钢支架。

▲【检测方法】

1. 混凝土抗压强度检测

(1)抗压强度试件制备。

1)按表4-3-1选择同规格的试模3只组成一组。将试模拧紧螺栓并清刷干净,内壁涂一薄层矿物油,编号待用。

2)试模内装的混凝土应是同一次拌和的拌合物。坍落度小于或等于70 mm的混凝土,试件成型宜采用振动振实;坍落度大于70 mm的混凝土,试件成型宜采用捣棒人工捣实。

①振动台成型试件：将拌合物一次装入试模并稍高出模口，用镘刀沿试模内壁略加插捣后，移至振动台上，开动振动台，振动至表面呈现水泥浆为止，刮去多余拌合物并用镘刀沿模口抹平。

②捣棒人工捣实成型试件：将拌合物分两层装入试模，每层厚度大致相等。插捣按螺旋方向从边缘向中心均匀进行。插捣底层时，捣棒应贯穿整个深度，插捣上层时，捣棒应插入下层深度 20~30 mm。插捣时捣棒应保持垂直不得倾斜，并用抹刀沿试模内壁插入数次，以防止试件产生麻面。每层插捣次数为每 10 000 mm³ 截面积内不得少于 12 次，然后刮去多余拌合物，并用镘刀抹平。

③成型后的试件应覆盖，防止水分蒸发，并在室温 20 ℃ 环境中静置 1~2 昼夜（不得超过两昼夜），拆模编号。

④拆模后的试件立即放在标准养护室内养护。试件在养护室内置于架上，试件间距离应保持 10~20 mm，并避免用水直接冲刷。

注：当缺乏标准养护室时，混凝土试件允许在温度为 20 ℃ 的静水中养护；同条件养护的混凝土试样，拆模时间应与实际构件相同，拆模后也应放置在该构件附近与构件同条件养护。

（2）测定步骤。试件从养护地点取出后，应尽快进行试验，以免试件内部的温湿度发生显著变化。

1）将试件擦拭干净，测量尺寸，并检查外观。试件尺寸测量精确至 1 mm，据此计算试件的承压面积。如实测尺寸与公称尺寸之差不超过 1 mm，可按公称尺寸进行计算。

试件承压面的不平度应为每 100 mm 长不超过 0.05 mm，承压面与相邻面的不垂直度不应超过 ±1°。

2）将试件安放在试验机的下压板上，试件的承压面应与成型时的顶面垂直。试件的中心应与试验机下压板中心对准。

3）开动试验机，当上压板与试件接近时调整球座，使接触均衡。

4）应连续而均匀地加荷，当混凝土强度等级＜C30 时，加荷速度每秒 0.3~0.5 MPa；混凝土强度等级≥C30 且＜C60 时，加荷速度每秒 0.5~0.8 MPa；当混凝土强度等级≥C60 时，加荷速度每秒 0.08~0.10 MPa。当试件接近破坏而开始迅速变形时，应停止调整试验机油门，直至试件破坏，然后记录破坏荷载。

（3）数据记录及数据处理或结果分析。试件的抗压强度 f_{cu} 按下式计算（精度至 0.1 MPa）：

$$f_{cu}=\frac{P}{A} \tag{4-3-1}$$

式中　f_{cu}——试件抗压强度（MPa）；
　　　P——试件破坏载荷（N）；
　　　A——试件承压面积（mm²）。

强度值的确定应符合下列规定：以 3 个试件测值的算术平均值作为该组试件的强度值

（精确到 0.01 MPa）；3 个测值的最大值或最小值中如有一个与中间值的差值超过中间值的 15%时，则把最大及最小值一并舍除，取中间值作为该组试件的抗压强度值；如最大值和最小值与中间值的差均超过中间值的 15%，则该组试件的试验结果无效。

抗压强度试验的标准立方体尺寸为 150 mm×150 mm×150 mm，用其他尺寸试件测得的抗压强度值均应乘以相应的换算系数。

2. 混凝土劈裂抗拉强度检测

(1)试件制备。试件制备同混凝土抗压强度试验。

(2)测定步骤。

1)试件从养护地点取出后应及时进行试验，将试件表面与上下承压板面擦干净。

2)将试件放在试验机下压板的中心位置，劈裂承压面和劈裂面应与试件成型时的顶面垂直；在上、下压板与试件之间垫以圆弧形垫块及垫条各一条，垫块与垫条应与试件上、下面的中心线对准并与成型时的顶面垂直。宜把垫条及试件安装在定位架上使用。

3)开动试验机，当上压板与圆弧形垫块接近时，调整球座，使接触均衡。加荷应连续均匀，当混凝土强度等级<C30 时，加荷速度取每秒钟 0.02~0.05 MPa；当混凝土强度等级≥C30 且<C60 时，取每秒钟 0.05~0.08 MPa；当混凝土强度等级≥C60 时，取每秒钟 0.08~0.10 MPa，至试件接近破坏时，应停止调整试验机油门，直至试件破坏，然后记录破坏荷载。

(3)数据记录及数据处理或结果分析。混凝土劈裂抗拉强度应按下式计算（精确到 0.01 MPa）：

$$f_{ts} = \frac{2F}{\pi A} = 0.637 \times \frac{F}{A} \tag{4-3-2}$$

式中 f_{ts} ——混凝土劈裂抗拉强度(MPa)；

F ——试件破坏荷载(N)；

A ——试件劈裂面面积(mm^2)。

强度值的确定应符合下列规定：以 3 个试件测值的算术平均值作为该组试件的强度值（精确到 0.01 MPa）；3 个测值的最大值或最小值中如有一个与中间值的差值超过中间值的 15%时，则把最大及最小一并舍除，取中间值作为该组试件的抗压强度值；如最大值和最小值和中间值的差均超过中间值的 15%，则该组试件的试验结果无效。

采用 100 mm×100 mm×100 mm 非标准试件测得的劈裂抗拉强度值，应乘以尺寸换算系数 0.85；当混凝土强度等级≥C60 时，宜采用标准试件；使用非标准试件时，尺寸换算系数应由试验确定。

3. 混凝土抗折强度检测

(1)试件制备。试件制备同混凝土抗压强度试验。

(2)测定步骤。

1)首先打开信号转换器，待到数字稳定，准备试验。

2)打开计算机,进入该试验的编号窗口。

3)带好劳保用品,将试块表面擦拭干净,测量尺寸。并记录支座间跨度 $L(\text{mm})$,试件截面高度 $h(\text{mm})$,试件截面宽度 $b(\text{mm})$。如实测尺寸与公称尺寸之差不超过 1 mm,可按公称尺寸进行计算。检查外观,试件承压面不平度为每 100 mm^2 不超过 0.05 mm,承压面与相邻面的不垂直度不应超过±1度,安装尺寸偏差不得大于 1 mm。试件的承压面应为试件成型时的侧面。支座及承压面与圆柱的接触面应平稳、均匀,否则应垫平。

4)施加荷载应保持均匀、连续。当混凝土抗压强度等级<C30时,加荷速度取每秒钟 0.02~0.05 MPa;当混凝土等级≥C30 且<C60 时,加荷速度取每秒钟 0.05~0.08 MPa;当混凝土强度等级≥C60 时,加荷速度取每秒钟 0.08~0.10 MPa,至试件接近破坏时,应停止调整试验机油门,直至试件破坏,然后记录破坏荷载 $F(\text{N})$。

5)记录试件破坏荷载的试验机示值 $F(\text{N})$ 及试件下边缘断裂位置。混凝土抗折强度计算按下式计算:

$$f_\text{f} = \frac{Fl}{bh^2} \tag{4-3-3}$$

式中 f_f——混凝土抗折强度(MPa);

F——试件破坏荷载(N);

l——支座间跨度(mm);

h——试件截面高度(mm);

b——试件截面宽度(mm)。

计算结果精确至 0.1 MPa。

6)试验完毕关闭计算机,断开设备电源,清除试验完的混凝土试块及余渣,保持设备的清洁卫生。

(3)结果判定。

1)试验结果 3 个试件中若有一个折断面位于两个集中荷载之外,则混凝土抗折强度值按另两个试件的试验结果计算。若这两个测值的差值不大于这两个测值的较少值的 15%时,则该组试件的抗折强度值按这两个测值的平均值计算,否则该组试件的试验无效。若有两个试件的下边缘断裂位置位于两个集中荷载作用线之外,则该组试件试验无效。

2)当试件尺寸为 100 mm×100 mm×400 mm 非标准试件时,应乘以尺寸换算系数 0.85;当混凝土强度等级≥C60 时,宜采用标准试件,使用非标准试件时,尺寸换算系数应由试验确定。

▲【检测报告】

混凝土抗压强度检测报告见表 4-3-2。

表 4-3-2　混凝土抗压强度检测报告

2010100454R

检测类别：									
工程名称：								委托单位：	
工程地址：								样品名称：	
建设单位：								样品状态：可检	
施工单位：								检测依据：《普通混凝土力学性能试验方法标准》(GB/T 50081—2002)	
见证单位：								见 证 人：	
								见 证 号：	

样品编号	工程部位	生产厂家	强度等级	养护条件	成型日期	试验日期	龄期/d	试件规格/mm	抗压强度/MPa		换算系数	代表值	备注
									单块值				
检测设备						压力机							
检测环境						/							
备注													

说明
1. 报告未加盖"检测报告专用章"或内容涂改无效。
2. 未经本单位书面同意，部分复制报告无效。
3. 委托送样检测结果仅对来样负责。
4. 对检测结果若有异议，请于收到报告十五日内以书面形式向本单位提出。

签 发： 　　　　　审 检： 　　　　　检 测： 　　　　　检测单位：
证 号： 　　　　　证 号： 　　　　　证 号： 　　　　　地　址：
　　　　　　　　　　　　　　　　　　　　　　　　　　　　电　话：
　　　　　　　　　　　　　　　　　　　　　　　　　　　　邮　编：

4.3.3 任务小结

本任务主要介绍了硬化混凝土的常规检测项目,混凝土抗压试验、混凝土抗拉试验及混凝土抗折等相关知识。如需更全面地学习硬化混凝土性能检测,可查阅《普通混凝土力学性能试验方法标准》(GB/T 50081—2002)、《建筑工程检测见证取样员手册》等标准、规范和技术规程。

4.3.4 任务训练

在校内建材实训中心完成混凝土的抗压强度和抗折强度检测。要求明确检测目的,做好检测准备,分组讨论并制订检测方案,认真填写混凝土抗压强度检测报告和实训效果自评反馈表。

任务四　混凝土耐久性检测

4.4.1 任务目标

◉【知识目标】

1. 了解混凝土耐久性的基本性质。
2. 熟悉混凝土耐久性的技术参数与检测标准。
3. 掌握混凝土耐久性能的检测方法和步骤。

◉【能力目标】

1. 能够正确取样、制备混凝土检测用的试样。
2. 能够对混凝土耐久性能常规项目进行检测,精确读取试验数据。
3. 能够按规范要求对检测数据进行处理,并评定检测结果。
4. 能够填写规范的原始记录并出具规范的检测报告。

4.4.2 任务实施

▲【取样】

用于出厂及交货检验的取样频率均应为同一工程、同一配合比的混凝土不得少于一次。留置组数可根据实际需要确定。

根据《地下工程防水技术规范》(GB 50108—2008)的规定，混凝土抗渗试块按下列规定取样：

(1)连续浇筑混凝土量 500 m³ 以下时，应留置两组(12 块)抗渗试块。

(2)每增加 250～500 m³ 混凝土，应增加留置两组(12 块)抗渗试块。

(3)如果使用材料、配合比或施工方法有变化时，均应另行仍按上述规定留置。

(4)抗渗试块应在浇筑地点制作，留置的两组试块其中一组(6 块)应在标准养护室养护，另一组(6 块)与现场相同条件下养护，养护期不得少于 28 d。

▲【检测设备】

1. 抗渗性能试验设备

(1)混凝土抗渗仪(图 4-4-1)，应能使水压按规定的速度稳定地作用在试件上。仪器施加压力范围为 0.1～2.0 MPa。

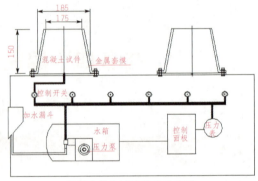

混凝土抗渗试验装置示意图

图 4-4-1　混凝土抗渗仪

(2)试模，规格为上口直径 175 mm、下口直径 185 mm、高 150 mm 的圆台体。

(3)密封材料，可用石蜡加松香或水泥加黄油等材料，也可采用一定厚度的橡胶套。

(4)钢尺，分度值为 1 mm。

(5)加压设备，是螺旋加压或其他加压形式，其压力以能把试件压入试件套内为宜。

(6)辅助设备，烘箱、电炉、浅盘、铁锅、钢丝刷等。

2. 抗冻性能试验设备

(1)冻融试验箱(慢速、快速)(图 4-4-2)，能使试件静置在水中不动，依靠热交换液体的温度变化而连续、自动地按照要求进行冻融的装置。满载运转时冻融箱内各点温度的极差不得超过 2 ℃。

(2)试件盒，由 1～2 mm 厚的钢板制成。其横截面尺寸应为 115 mm×115 mm，高度应比试件高出 50～100 mm。试件底部垫起后盒内水面应至少高出试件顶面 5 mm。

(3)案秤，称量 20 kg，感量不应超过 5 g。

(4)动弹性模量测定仪，共振法或敲击法动弹性模量测定仪。

（5）热电偶、电位差计，能在－20～20 ℃范围内测定试件中心温度。测量精度不低于±0.5 ℃。

图 4-4-2　冻融试验箱（慢速、快速）

3. 碳化试验设备

碳化试验箱、压力试验机、钢直尺等如图 4-4-3 所示。

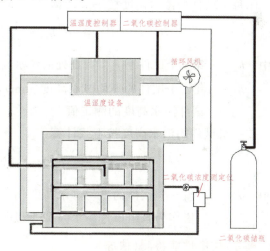

图 4-4-3　碳化试验箱

【检测方法】

1. 混凝土抗渗性能检测

（1）检测步骤。

1）试件成型和养护应按有关标准执行，以 6 个试件为一组。

2）试验前一天取出养护试件，用钢丝刷刷去两端面水泥浆膜。在其侧面涂一层熔化的石蜡密封材料，放入烘箱预热过的试件套中。在压力机上将试件压入试件套中，连同试件套固定在抗渗仪上进行试验。

3）打开阀门，调整抗渗仪指针初读数，使水压为 0.1 MPa。每隔 8 h 增加水压 0.1 MPa，并且随时注意观察试件端面的渗水情况。当第一块试件出现渗水时,关闭相应阀门;当第二块试件出现渗水时,关闭相应阀门;当第三块试件出现渗水时,即可停止试验,记下此时的水压值。

注:当加压至设计抗渗等级,经 8 h 后第三个试件仍不渗水,表明混凝土已满足设计要求,也可停止试验。

4)根据公式计算混凝土的抗渗等级。

5)将试件劈裂,观察内部渗水情况。测量试件内部渗水高度,可进一步比较不同试件的抗渗性能,渗水高度越小,抗渗性能越好。

(2)数据处理。

1)混凝土的抗渗等级按下式计算:

$$P = 10H - 1 \tag{4-4-1}$$

式中 P——结构混凝土在检测龄期实际抗渗指标的推定值;

H——6 个试件中 3 个渗水时的水压力(MPa)。

2)计算单个试件的平均渗水高度。

①每个试件的渗水高度按下式计算:

$$\overline{h_i} = \frac{1}{10}\sum_{j=1}^{10} h_j \tag{4-4-2}$$

式中 h_j——第 i 个试件第 j 个测点处的渗水高度(mm);

$\overline{h_i}$——第 i 个试件的平均渗水高度(mm),应以 10 个测点渗水高度的平均值作为该试件渗水高度的测定值。

②一组试件的渗水高度按下式计算:

$$\overline{h} = \frac{1}{6}\sum_{i=1}^{6} \overline{h_i} \tag{4-4-3}$$

式中 $\overline{h}$——一组 6 个试件的平均渗水高度(mm),应以一组 6 个试件渗水高度的算术平均值作为该组试件渗水高度的测定值。

2. 抗冻性能检测(快冻)

(1)检测步骤。

1)试件成型按照《普通混凝土长期性能和耐久性能试验方法标准》(GB/T 50082—2009)的规定进行,蒸养预制构件(含梁)的混凝土试块应在与预制构件相同的养护条件下养护,在标准养护室内或同条件养护的试件应在养护龄期为 24 d 时提前将冻融试验的试件从养护地点取出,随后应将冻融试验放在(20±2)℃的水中浸泡(包括测温试件)。浸泡时水面至少要高出试件顶面 20~30 mm 在水中浸泡时间应为 4 d,试件应在 28 d 龄期时开始进行冻融试验。

2)浸泡完毕后取出试件,用湿布擦除试件表面水分,称重,测量其横向基频的初始值。

3)将试件放入试件盒内,为了使试件受温均衡,并消除试件周围因水分结冰引起的附加应力,试件的侧面与底部应垫放适当宽度与厚度的橡胶板,在整个试验过程中,盒内水位高度应始终保持至少高出试件顶面 5 mm。

4)把试件盒放入冻融箱内。其中,装有测温试件的试件盒放在冻融箱的中心位置。此时,即可开始冻融循环。

5)冻融循环过程应符合下列要求:

①每次冻融循环应在 2~4 h 内完成,其中用于融化的时间不得少于整个冻融时间的 1/4。

②在冷冻和融化过程中,试件中心最低和最高温度应分别控制在(-18 ± 2)℃和(5 ± 2)℃内。

③每块试件从 3 ℃降至-16 ℃所用的时间不得少于冷冻时间的 1/2。每块试件从-16 ℃升至 3 ℃所用的时间也不得少于整个融化时间的 1/2。试件内外的温差不宜超过 28 ℃。

④冷冻和融化之间的转化时间不宜超过 10 min。

6)试件一般应每隔 25 次循环宜测量试件的横向基频,测量前应把试件表面浮渣清洗干净,擦去表面积水,并检查其外部损伤及质量损失。测完后,应把试件迅速调头重新装入试件盒内并加入清水,继续试验。试件的测量、称量以及外观检查应尽量迅速,以免损伤损失。

7)为保证试件在冷液中冻结时温度稳定均衡,当有一部分试件停冻取出时,应另用其他试件填充空位。

如冻融循环因故中断,试件应保持在冷冻状态下,并最好能将试件保存在原容器内用冰块围住。如无这一可能,则应将试件在潮湿状态下用防水材料包裹,加以密封,并存放在(-17 ± 2)℃的冷冻室或冰箱中。

试件处在溶解状态下的时间不宜超过两个冻融循环的时间。特殊情况下,超过两个冻融循环时间的次数,在整个试验过程中只允许 1~2 次。

8)冻融达到以下 3 种情况之一即可停止试验:

①达到规定的冻融循环次数。

②试件相对动弹性模量下降到 60%。

③试件质量损失率达 5%。

试验结果分析与讨论:混凝土强度、抗冻等级和抗渗等级能否满足设计要求。

分析外加剂的品种和掺量、水胶比、单位水泥量、粉煤灰掺量等因素对混凝土的抗冻性和抗渗性的影响。

试验方案设计对研究结论的影响分析。

(2)数据处理。

1)按下式计算混凝土试件的相对动弹性模量。

$$P_i = \frac{f_{ni}^2}{F_{0i}^2} \times 100 \tag{4-4-4}$$

式中 P_i——经 N 次冻融循环后第 i 个混凝土试件的相对动弹性模量,以 3 个试件的平均值计算(%);

f_{ni}——N 次冻融循环后第 i 个混凝土试件的横向基频(Hz);

F_{0i}——冻融循环试验前第 i 个混凝土测得的试件横向基频初始值(Hz)。

混凝土试件冻融后的质量损失率应按下式计算:

$$\Delta W_{ni} = \frac{G_{0i} - G_{ni}}{G_{0i}} \times 100 \qquad (4\text{-}4\text{-}5)$$

式中 ΔW_{ni}——N 次冻融循环后第 i 个混凝土试件的质量损失率,以 3 个试件的平均值计算(%);

G_{0i}——冻融循环试验前第 i 个混凝土试件质量(g);

G_{ni}——N 次冻融循环后第 i 个混凝土试件质量(g)。

混凝土的快速冻融循环次数应以同时满足相对动弹性模量值不小于 60%和质量损失率不超过 5%时的最大循环次数来表示。

混凝土耐久性系数应按下式计算:

$$K_n = P \times \frac{N}{300} \qquad (4\text{-}4\text{-}6)$$

式中 K_n——混凝土耐久性系数;

N——冻融循环次数;

P——经 N 次冻融循环后的相对动弹性模量。

2)混凝土抗冻等级。混凝土抗冻等级应以相对动弹性模量下降至不低于 60%或者质量损失率不超过 5%时的最大冻融循环次数确定。

3. 碳化检测

(1)检测步骤。

1)按试件的制作与养护方法成型立方体试件或高宽比不小于 3 的棱柱体,试件拆模后,按标准条件进行养护,养护至 28 d,从养护室取出试件,置于 60 ℃的烘箱中烘 48 h。

2)再将试件留下一对侧面,其余面用石蜡密封。在留下的侧面上以间距为 10 mm 画长度方向的平行线,作为碳化深度测试点。把处理好的试件放入碳化箱箱体内,间距不小于 50 mm。

3)将碳化箱盖严密封。密封可采用机械办法或油封,但不得采用水封以免影响箱内的湿度调节。开动箱内气体对流装置,徐徐充入二氧化碳,并测定箱内的二氧化碳浓度,逐步调节二氧化碳的流量,使箱内的二氧化碳浓度保持在(20±3)%。在整个试验期间可用去湿装置或放入硅胶,使箱内的相对湿度控制在(70±5)%的范围内。碳化试验应在(20±5)℃的温度下进行。

4)每隔一定时期对箱内的二氧化碳浓度、温度及湿度作一次测定。一般在前 2 d 每隔 2 h 测定一次,以后每隔 4 h 测定一次。并根据所测得的二氧化碳浓度随时调节其流量。去湿用的硅胶应经常更换。

5)碳化到了 3 d、7 d、14 d 及 28 d 时,分别取出试件,破型以测定其碳化深度。棱柱体试件在压力试验机上用劈裂法从一端开始破型。每次切除的厚度约为试件宽度的一半,用石蜡将破型后试件的切断面封好,再放入箱内继续碳化,直到下一个试验期。如采用立方体试件,则在试件中部劈开。立方体试件只作一次检验,劈开后不再放回碳化箱重复使用。

6)将切除所得的试件部分刮去断面上残存的粉末,随即喷上(或滴上)浓度为 1%的酚酞酒精溶液(含 20%的蒸馏水)。经 30 s 后,按原先标画的每 10 mm 一个测量点用碳化深度检测尺分别测出两侧面各点的碳化深度。如果测点处的碳化分界线上刚好嵌有粗骨料颗粒，则可取该颗粒两侧处碳化深度的算术平均值作为该点的深度值 $d_i(i=1\sim10)$。碳化深度测量精确至 0.5 mm，如图 4-4-4 所示。

图 4-4-4　碳化深度测定

（2）数据处理。

1）计算各龄期混凝土试件的平均碳化深度。

混凝土在各试验龄期时的平均碳化深度应按式（4-4-7）计算，精确到 0.1 mm。

$$\overline{d_t} = \frac{1}{n}\sum_{i=1}^{n} d_i \tag{4-4-7}$$

式中　$\overline{d_t}$——试件碳化 t(d)后平均碳化深度（mm）；

　　　d_i——两个侧面上各测定的碳化深度（mm）；

　　　n——两个侧面上的侧点总数。

2）以碳化时间为横坐标、碳化深度为纵坐标，绘出两者的关系曲线。

▲【检测报告】

混凝土抗渗检测报告见表 4-4-1。

4.4.3　任务小结

通过对混凝土耐久性的综合了解，掌握其综合性质，如混凝土的抗渗性、抗冻性、碳化等性质。通过对混凝土耐久性的分析，找到可以提高混凝土耐久性的最佳方法，从而使混凝土的耐久性发挥到最大。可查阅《混凝土结构耐久性设计规范》（GB/T 50476—2008）等标准、规范和技术规程。

4.4.4　任务训练

在校内建材实训中心完成混凝土的抗渗性能检测。要求明确检测目的，做好检测准备，分组讨论并制订检测方案，认真观察试验过程中的数据变化并填写混凝土抗渗性能检测报告。

表 4-4-1　混凝土抗渗检测报告

试验表 20

报告编号	
委托单编号	
检测类别	
到样日期	

见证人：_____

样品名称_____　　样品状态_____
委托单位_____　　建设单位_____
工程名称_____　　委托人_____
抽样单位_____　　抽样地点_____
检测日期　　年　月　日　　检测依据_____
　　　　　　　　　　　　　检测设备_____
检测环境_____

结构部位				成型日期	年　月　日
抗渗等级					
抗压强度等级		检测结果			
水泥品种及强度等级		证件号	试验水压/MPa	渗透情况	龄期
砂粒级		1			
碎石粒级		2			
外加剂品种		3			
混凝土配合比		4			
养护条件		5			
		6			

检测报告说明：1. 若对报告有异议，应于收到报告之日起十五日内，以书面形式向检测单位提出，逾期视为对报告无异议。
2. 本报告未加盖公章及资质章者，结果无效。
3. 委托检测结果仅对来样负责。

试　验：　　　　　　审　核：　　　　　　报告日期：　　年　月　日

　　　　　　　　　　　　　　　　　　　　　地　址：　　　　　　检测单位：

负责人：　　　　　　　　　　　　　　　　　邮　编：　　　　　　电　话：

上岗证号：

试验资质等级章

项目五

建筑砂浆检测技术

任务一 建筑砂浆的基本性能

5.1.1 任务目标

● 【知识目标】

1. 了解砂浆的基本性能。
2. 掌握砂浆技术要求、检测标准与规范。

● 【能力目标】

1. 能区分砂浆的主要技术性质。
2. 能计算砂浆的强度。

5.1.2 任务实施

建筑砂浆是由胶凝材料、细骨料和水按一定的比例配制而成的建筑材料。

根据不同用途，建筑砂浆可分为砌筑砂浆、抹面砂浆（如普通抹面砂浆、防水砂浆、装饰砂浆等）、特种砂浆（如隔热砂浆、耐腐蚀砂浆、吸声砂浆等）。

按所用的胶凝材料不同，建筑砂浆分为水泥砂浆、石灰砂浆、石膏砂浆、混合砂浆和聚合物水泥砂浆等。常用的混合砂浆有水泥石灰砂浆、水泥黏土砂浆和石灰黏土砂浆。

▲【砂浆的组成材料】

1. 胶凝材料

胶凝材料主要是水泥。一般水泥强度等级应以砂浆强度等级的4～5倍为宜。

2. 细骨料

砂是建筑砂浆的细骨料。

用于毛石砌体的砂浆，砂子最大粒径应小于砂浆层厚度的 1/5～1/4；对于砖砌体使用的砂浆，宜用中砂，其最大粒径不大于 2.5 mm；抹面及勾缝砂浆，宜选用细砂，其最大粒径不大于 1.2 mm。

为保证砂浆质量，应选用洁净的砂，砂中黏土杂质的含量不宜过大，一般规定为：M10 及 M10 以上的砂浆应不超过 5%；M2.5～M7.5 的砂浆应不超过 10%。砂中硫化物含量应小于 2%。

▲【砂浆的主要技术性质】

1. 新抹砂浆的和易性

和易性是指砂浆易于施工并能保证质量的综合性质，包括流动性和保水性。

(1)流动性。流动性指砂浆在自重或外力作用下是否易于流动的性能。

砂浆流动性实质上反映了砂浆的稠度。流动性的大小以砂浆稠度测定仪的圆锥体沉入砂浆中深度的毫米数来表示，称为稠度(沉入度)。

砂浆流动性的选择与基底材料种类及吸水性能、施工条件、砌体的受力特点以及天气情况等有关。对于多孔吸水的砌体材料和干热的天气，则要求砂浆的流动性大一些；相反，对于密实不吸水的砌体材料和湿冷的天气，要求砂浆的流动性小一些。可参考表 5-1-1 和表 5-1-2 来选择砂浆流动性。

表 5-1-1 砌筑砂浆流动性要求

砌体种类	施工稠度/mm
烧结普通砖砌体	70～90
混凝土砖砌体、普通混凝土小型空心砌块砌体、灰砂砖砌体	50～70
烧结多孔砖砌体、烧结空心砖砌体、轻集料混凝土小型空心砌块砌体、蒸压加气混凝土砌块砌体	60～80
石砌体	30～50

表 5-1-2 抹面砂浆流动性要求   mm

抹灰工程	机械施工	手工操作
准备层	80～90	110～120
底层	70～80	70～80
面层	70～80	90～100
石膏浆面层	—	90～120

影响砂浆流动性的主要因素有：

1）胶凝材料及掺合料的品种和用量。

2）砂的粗细程度、形状及级配。

3）用水量。

4）外加剂品种与掺量。

5）搅拌时间等。

（2）保水性。保水性指新拌砂浆保存水分的能力，也表示砂浆中各组成材料是否易分离的性能。

新拌砂浆在存放、运输和使用过程中，都必须保持其水分不致很快流失，才能便于施工操作且保证工程质量。如果砂浆保水性不好，在施工过程中很容易泌水、分层、离析或水分易被基面所吸收，使砂浆变得干稠，致使施工困难，同时影响胶凝材料的正常水化硬化，降低砂浆本身强度以及与基层的粘结强度。因此，砂浆要具有良好的保水性。一般来说，砂浆内胶凝材料充足，尤其是掺加了石灰膏和黏土膏等掺合料后，砂浆的保水性均较好，砂浆中掺入加气剂、微沫剂、塑化剂等也能改善砂浆的保水性和流动性。

砌筑砂浆的保水性并非越高越好，对于不吸水基层的砌筑砂浆，保水性太高会使得砂浆内部水分早期无法蒸发释放，从而不利于砂浆强度的增长并且增大了砂浆的干缩裂缝，降低了整个砌体的整体性。

砂浆的保水性用分层度表示。分层度的测定是将已测定稠度的砂浆入满分层度筒内（分层度筒内径为 150 mm，分为上下两节，上节高度为 200 mm，下节高度为 100 mm），轻轻敲击筒周围一两下，刮去多余的砂浆并抹平。静置 30 min 后，去掉上部 200 mm 砂浆，取出剩余 100 mm 砂浆倒出在搅拌锅中拌 2 min 再测稠度，前后两次测得的稠度差值即为砂浆的分层度（以 mm 计）。砂浆合理的分层度应控制在 10～20 mm，分层度大于 20 mm 的砂浆容易离析、泌水、分层或水分流失过快，不便于施工。一般水泥砂浆分层度不宜超过 30 mm，水泥混合砂浆分层度不宜超过 20 mm。若分层度过小，如分层度为零的砂浆，虽然保水性好但极易发生干缩裂缝。分层度小于 10 mm 的砂浆硬化后容易产生干缩裂缝。

2. 硬化砂浆的强度和强度等级

砂浆的强度等级是以边长为 70.7 mm 的立方体试件，一组 6 块在标准条件下养护 28 d 后，用标准试验方法测得的抗压强度平均值来确定，用 f_{mu} 表示。

根据《砌筑砂浆配合比设计规程》（JGJ/T 98—2010）的规定，砂浆强度等级分为 M5、M7.5、M10、M15、M20、M25、M30 共 7 个等级。

砂浆的实际强度除了与水泥的强度和用量有关外，还与基底材料的吸水性有关，砂浆按其吸水性可分为下列两种情况。

（1）不吸水基层材料：影响砂浆强度的因素与混凝土基本相同，主要取决于水泥强度和水胶比，即砂浆的强度与水泥强度和水胶比成正比关系。

$$f_{mu} = 0.29 f_{ce} \left(\frac{W}{C} - 0.40 \right) \tag{5-1-1}$$

(2)吸水性基层材料：砂浆强度主要取决于水泥强度和水泥用量，与水胶比无关。砂浆强度计算公式：

$$f_{mu} = f_{ce} \cdot Q_c \cdot \frac{A}{1\,000} + B \qquad (5\text{-}1\text{-}2)$$

式中　f_{mu}——砂浆 28 d 抗压强度（MPa）；

　　　f_{ce}——水泥的实测强度值（MPa）；

　　　Q_c——每立方米砂浆中水泥用量（kg/m³）；

　　　A、B——砂浆的特征系数。其中，$A=3.03$；$B=-15.09$。

3. 粘结性

由于砖、石、砌块等材料是靠砂浆粘结成一个坚固整体并传递荷载的，因此，要求砂浆与基材之间应有一定的粘结强度。两者粘结得越牢，则整个砌体的整体性、强度、耐久性及抗震性等就越好。

一般砂浆抗压强度越高，则其与基材的粘结强度就越高。此外，砂浆的粘结强度与基层材料的表面状态、清洁程度、湿润状况以及施工养护等条件有很大关系。同时，还与砂浆的胶凝材料种类有很大关系，加入聚合物可使砂浆的粘结性大为提高。

实际上，针对砌体这个整体来说，砂浆的粘结性较砂浆的抗压强度更为重要。但是，考虑到我国的实际情况，以及抗压强度相对来说容易测定，因此，将砂浆抗压强度作为必检项目和配合比设计的依据。

4. 变形性

砌筑砂浆在承受荷载或在温度变化时，会产生变形。如果变形过大或不均匀，容易使砌体的整体性下降，产生沉陷或裂缝，影响到整个砌体的质量。抹面砂浆在空气中也容易产生收缩等变形，变形过大也会使面层产生裂纹或剥离等质量问题。因此，要求砂浆具有较小的变形性。

砂浆变形性的影响因素很多，如胶凝材料的种类和用量、用水量、细骨料的种类、级配和质量以及外部环境条件等。

▲【砌筑砂浆】

砌筑砂浆是将砖、石、砌块等粘结成为砌体的砂浆。砌筑砂浆主要起粘结、传递应力的作用，是砌体的重要组成部分。

砌体砂浆可根据工程类别及砌体部位的设计要求，确定砂浆的强度等级，然后选定其配合比。一般情况下可以查阅有关手册和资料来选择配合比，但如果工程量较大、砌体部位较为重要或掺入外加剂等非常规材料时，为保证质量和降低造价，应进行配合比设计。经过计算、试配、调整，从而确定施工用的配合比。

目前常用的砌筑砂浆有水泥砂浆和水泥混合砂浆两大类。

根据《砌筑砂浆配合比设计规程》（JGJ/T 98—2010）的规定：

(1)配合比应按下列步骤进行计算：

1)计算砂浆试配强度（$f_{m,0}$）；

2)计算每立方米砂浆中的水泥用量（Q_c）；

3)计算每立方米砂浆中石灰膏用量(Q_D);
4)确定每立方米砂浆中的砂用量(Q_s);
5)按砂浆稠度选每立方米砂浆用水量(Q_w)。
(2)砂浆的试配强度应按下式计算:

$$f_{m,0} = k f_2 \tag{5-1-3}$$

式中 $f_{m,0}$——砂浆的试配强度(MPa),应精确至 0.1 MPa;
　　　f_2——砂浆强度等级值(MPa),应精确至 0.1 MPa;
　　　k——系数,按表 5-1-3 取值。

表 5-1-3 砂浆强度标准差 σ 及 k 值

强度等级 施工水平	强度标准差 σ/MPa							k
	M5	M7.5	M10	M15	M20	M25	M30	
优良	1	1.5	2	3	4	5	6	1.15
一般	1.25	1.88	2.5	3.75	5	6.25	7.5	1.2
较差	1.5	2.25	3	4.5	6	7.5	9	1.25

(3)砂浆强度标准差的确定应符合下列规定:
1)当有统计资料时,应按下式计算:

$$\sigma = \sqrt{\frac{\sum_{i=1}^{n} f_{m,i}^2 - n\mu_{fm}^2}{n-1}} \tag{5-1-4}$$

式中 $f_{m,i}$——统计周期内同一品种砂浆第 i 组试件的强度(MPa);
　　　μ_{fm}——统计周期内同一品种砂浆 n 组试件强度的平均值(MPa);
　　　n——统计周期内同一品种砂浆试件的总组数,$n \geqslant 25$。

2)当无统计资料时,砂浆强度标准差可按表 5-1-3 取值。
(4)水泥用量的计算应符合下列规定:
1)每立方米砂浆中的水泥用量,应按下式计算:

$$Q_c = 1\,000(f_{m,0} - \beta)/(\alpha \cdot f_{ce}) \tag{5-1-5}$$

式中 Q_c——每立方米砂浆的水泥用量(kg),应精确至 1 kg;
　　　f_{ce}——水泥的实测强度(MPa),应精确至 0.1 MPa;
　　　α、β——砂浆的特征系数。其中,α 取 3.03;β 取 -15.09。
　　注:各地区也可用本地区试验资料确定 α、β 值,统计用的试验组数不得少于 30 组。

2)在无法取得水泥的实测强度值时,可按下式计算:

$$f_{ce} = \gamma_c \cdot f_{ce,k} \tag{5-1-6}$$

式中 $f_{ce,k}$——水泥强度等级值(MPa);
　　　γ_c——水泥强度等级值的富余系数,宜按实际统计资料确定;无统计资料时可取 1.0。

(5)石灰膏用量应按下式计算：

$$Q_D = Q_A - Q_c \tag{5-1-7}$$

式中　Q_D——每立方米砂浆的石灰膏用量(kg)，应精确至 1 kg；石灰膏使用时的稠度宜为(120±5) mm；

　　　Q_c——每立方米砂浆的水泥用量(kg)，应精确至 1 kg；

　　　Q_A——每立方米砂浆中水泥和石灰膏总量，应精确至 1 kg，可为 350 kg。

(6)每立方米砂浆中的砂用量，应按干燥状态(含水率小于 0.5％)的堆积密度值作为计算值(kg)。

(7)每立方米砂浆中的用水量，可根据砂浆稠度等要求选用 210～310 kg。

注：1. 混合砂浆中的用水量，不包括石灰膏中的水；
　　2. 当采用细砂或粗砂时，用水量分别取上限或下限；
　　3. 稠度小于 70 mm 时，用水量可小于下限；
　　4. 施工现场气候炎热或干燥季节，可酌量增加用水量。

【抹面砂浆】

凡涂抹在基底材料的表面，兼有保护基层和增加美观作用的砂浆，可统称为抹面砂浆。根据抹面砂浆功能不同，一般可将抹面砂浆分为普通抹面砂浆、防水砂浆和装饰砂浆。

与砌筑砂浆相比，抹面砂浆的特点和技术要求如下。

(1)抹面层不承受荷载。

(2)抹面砂浆应具有良好的和易性，容易抹成均匀平整的薄层，便于施工。

(3)抹面层与基底层要有足够的粘结强度，使其在施工中或长期自重和环境作用下不脱落、不开裂。

(4)抹面层多为薄层，并分层涂沫，面层要求平整、光洁、细致、美观。

(5)抹面层多用于干燥环境，大面积暴露在空气中。

抹面砂浆的组成材料与砌筑砂浆基本上是相同的。但为了防止砂浆层的收缩开裂，有时需要加入一些纤维材料，或者为了使其具有某些特殊功能需要选用特殊骨料或掺加料。

与砌筑砂浆不同，对抹面砂浆的主要技术性质不是抗压强度，而是和易性以及与基底材料的粘结强度。

1. 普通抹面砂浆

普通抹面砂浆对建筑物和墙体起到保护的作用。它可以抵抗风、雨、雪等自然环境对建筑物的侵蚀，并提高建筑物的耐久性，同时经过抹面的建筑物表面或墙面又可以达到平整、光洁、美观的效果。

常用的普通抹面砂浆有水泥砂浆、石灰砂浆、水泥混合砂浆、麻刀石灰砂浆(简称麻刀灰)、纸筋石灰砂浆(简称纸筋灰)等。

普通抹面砂浆通常分为两层或三层进行施工。

底层抹灰的作用是使砂浆与基底能牢固地粘结，因此要求底层砂浆具有良好的和易性、保水性和较好的粘结强度。

中层抹灰主要是找平，有时可省略。

面层抹灰是为了获得平整、光洁的表面效果。

各层抹灰面的作用和要求不同，因此每层所选用的砂浆也不同。不同的基底材料和工程部位，对砂浆技术性能要求也不同，这也是选择砂浆种类的主要依据。

水泥砂浆宜用于潮湿或强度要求较高的部位；水泥混合砂浆多用于室内底层或中层、面层抹灰；石灰砂浆、麻刀灰、纸筋灰多用于室内中层或面层抹灰。

水泥砂浆不得涂抹在石灰砂浆层上。

普通抹面砂浆的组成材料及配合比，可根据使用部位及基底材料的特性确定，一般情况下参考有关资料和手册选用。

2. 装饰砂浆

装饰砂浆是指涂抹在建筑物内外墙表面，具有美观装饰效果的抹面砂浆。

装饰砂浆的底层和中层抹灰与普通抹面砂浆基本相同，但是其面层要选用具有一定颜色的胶凝材料和骨料或者经各种加工处理，使得建筑物表面呈现各种不同的色彩、线条和花纹等装饰效果。

(1)装饰砂浆的组成材料。

1)胶凝材料。装饰砂浆所用胶凝材料与普通抹面砂浆基本相同，只是灰浆类饰面更多地采用白色水泥或彩色水泥。

2)骨料。装饰砂浆所用骨料，除普通天然砂外，石碴类饰面常使用石英砂、彩釉砂、着色砂、彩色石碴等。

3)颜料。装饰砂浆中的颜料，应采用耐碱和耐光晒的矿物颜料。

(2)装饰砂浆主要饰面方式。

装饰砂浆饰面方式可分为灰浆类饰面和石碴类饰面两大类。

1)灰浆类饰面：主要通过水泥砂浆的着色或对水泥砂浆表面进行艺术加工，从而获得具有特殊色彩、线条、纹理等质感的饰面。其主要优点是材料来源广泛，施工操作简便，造价比较低廉，而且通过不同的工艺加工，可以创造不同的装饰效果。常用的灰浆类饰面有以下几种。

①拉毛灰。拉毛灰是用铁抹子或木蟹，将罩面灰浆轻压后顺势拉起，形成一种凹凸质感很强的饰面层。拉细毛时用棕刷粘着灰浆拉成细的凹凸花纹。

②甩毛灰。甩毛灰是用竹丝刷等工具将罩面灰浆甩涂在基面上，形成大小不一而又有规律的云朵状毛面饰面层。

③仿面砖。仿面砖是在采用掺入氧化铁系颜料(红、黄)的水泥砂浆抹面上，用特制的铁钩和靠尺，按设计要求的尺寸进行分格划块，沟纹清晰，表面平整，酷似贴面砖饰面。

④拉条。拉条是在面层砂浆抹好后，用一凹凸状轴辊作模具，在砂浆表面上滚压出立体感强、线条挺拔的条纹。条纹分半圆形、波纹形、梯形等多种，条纹可粗可细，间距可大可小。

⑤喷涂。喷涂是用挤压式砂浆泵或喷斗，将掺入聚合物的水泥砂浆喷涂在基面上，形

成波浪、颗粒或花点质感的饰面层。最后，在表面再喷一层甲基硅醇钠或甲基硅树脂疏水剂，可提高饰面层的耐久性和耐污染性。

⑥弹涂。弹涂是用电动弹力器，将掺入108胶的2～3种水泥色浆，分别弹涂到基面上，形成1～3 mm圆状色点，获得不同色点相互交错、相互衬托、色彩协调的饰面层。最后刷一道树脂罩面层，起防护作用。

2)石碴类饰面：是用水泥（普通水泥、白水泥或彩色水泥）、石碴、水拌成石碴浆，同时采用不同的加工手段除去表面水泥浆皮，使石碴呈现不同的外露形式以及水泥浆与石碴的色泽对比，构成不同的装饰效果。

石碴是天然的大理石、花岗石以及其他天然石材经破碎而成，俗称米石。常用的规格有大八厘（粒径为8 mm）、中八厘（粒径为6 mm）、小八厘（粒径为4 mm）。石碴类饰面比灰浆类饰面色泽较明亮，质感相对丰富，不易褪色，耐光性和耐污染性也较好。常用的石碴类饰面有以下几种：

①水刷石。将水泥石碴浆涂抹在基面上，待水泥浆初凝后，以毛刷蘸水刷洗或用喷枪以一定水压冲刷表层水泥浆皮，使石碴半露出来，达到装饰效果。

②干粘石。干粘石又称甩石子，是在水泥浆或掺入108胶的水泥砂浆粘结层上，把石碴、彩色石子等粘在其上，再拍平压实而成的饰面。石粒的2/3应压入粘结层内，要求石子粘牢，不掉粒并且不露浆。

③斩假石。斩假石又称剁假石，是以水泥石碴（掺30％石屑）浆作成面层抹灰，待具有一定强度时，用钝斧或凿子等工具，在面层上剁斩出纹理，而获得类似天然石材经雕琢后的纹理质感。

④水磨石。水磨石是由水泥、彩色石碴或白色大理石碎粒及水按一定比例配制，需要时掺入适量颜料，经搅拌均匀，浇筑捣实、养护，待硬化后将表面磨光而成的饰面。常常将磨光表面用草酸冲洗，干燥后上蜡。

水刷石、干粘石、斩假石和水磨石等装饰效果各具特色。在质感方面：水刷石最为粗犷，干粘石粗中带细，斩假石典雅庄重，水磨石润滑细腻。在颜色花纹方面：水磨石色泽华丽、花纹美观；斩假石的颜色与斩凿的灰色花岗石相似；水刷石的颜色有青灰色、奶黄色等；干粘石的色彩取决于石碴的颜色。

3. 防水砂浆

用作防水层的砂浆称为防水砂浆。砂浆防水层又称作刚性防水层，适用于不受振动和具有一定刚度的混凝土或砖石砌体的表面。

防水砂浆主要有以下三种。

(1)水泥砂浆：是由水泥、细骨料、掺合料和水制成的砂浆。普通水泥砂浆多层抹面用作防水层。

(2)掺加防水剂的防水砂浆：在普通水泥中掺入一定量的防水剂而制成的防水砂浆是目前应用最广泛的一种防水砂浆。常用的防水剂有硅酸钠类、金属皂类、氯化物金属盐及有机硅类。

(3)膨胀水泥和无收缩水泥配制砂浆：由于该种水泥具有微膨胀或补偿收缩性能，从而能提高砂浆的密实性和抗渗性。

防水砂浆的配合比为水泥与砂的质量比一般不宜大于1∶2.5，水胶比应为0.50～0.60，稠度不应大于80 mm。水泥宜选用42.5级以上的普通硅酸盐水泥或42.5级矿渣水泥，砂子宜选用中砂。

防水砂浆施工方法有人工多层抹压法和喷射法等。各种方法都是以防水抗渗为目的，减少内部连通毛细孔，提高密实度。

▲【特种砂浆】

1. 隔热砂浆

隔热砂浆是采用水泥等胶凝材料以及膨胀珍珠岩、膨胀蛭石、陶粒砂等轻质多孔骨料，按照一定比例配制的砂浆。其具有质量轻、保温隔热性能好[导热系数一般为0.07～1.0 W/(m·K)]等特点，主要用于屋面、墙体绝热层和热水、空调管道的绝热层。

常用的隔热砂浆有：水泥膨胀珍珠岩砂浆、水泥膨胀蛭石砂浆、水泥石灰膨胀蛭石砂浆等。

2. 吸声砂浆

一般采用轻质、多孔骨料拌制而成的吸声砂浆，由于其骨料内部孔隙率大，因此吸声性能也十分优良。吸声砂浆还可以在砂浆中掺入锯末、玻璃纤维、矿物棉等材料拌制而成。主要用于室内吸声墙面和顶面。

3. 耐腐蚀砂浆

（1）水玻璃类耐酸砂浆：一般采用水玻璃作为胶凝材料拌制而成，常常掺入氟硅酸纳作为促硬剂。耐酸砂浆主要作为衬砌材料、耐酸地面或内壁防护层等。

（2）耐碱砂浆：使用42.5级以上的普通硅酸盐水泥（水泥熟料中铝酸三钙含量应小于9%），细骨料可采用耐碱、密实的石灰岩类（石灰岩、白云岩、大理岩等）、火成岩类（辉绿岩、花岗岩等）制成的砂和粉料，也可采用石英制的普通砂。耐碱砂浆可耐一定温度和浓度下的氢氧化钠和铝酸钠溶液的腐蚀，以及任何浓度的氨水、碳酸钠、碱性气体和粉尘等的腐蚀。

（3）硫磺砂浆：以硫磺为胶结料，加入填料、增韧剂，经加热熬制而成的砂浆。采用石英粉、辉绿岩粉、安山岩粉作为耐酸粉料和细骨料。硫磺砂浆具有良好的耐腐蚀性能，几乎能耐大部分有机酸、无机酸，中性和酸性盐的腐蚀，对乳酸也有很强的耐腐蚀能力。

4. 防辐射砂浆

防辐射砂浆可采用重水泥（钡水泥、锶水泥）或重质骨料（黄铁矿、重晶石、硼砂等）拌制而成，可防止各类辐射的砂浆，主要用于射线防护工程。

5. 聚合物砂浆

聚合物砂浆是在水泥砂浆中加入有机聚合物乳液配制而成，具有黏结力强、干缩率小、脆性低、耐蚀性好等特性,用于修补和防护工程。常用的聚合物乳液有氯丁胶乳液、丁苯橡胶乳液、丙烯酸树脂乳液等。

任务二 砂浆的性能检测

5.2.1 任务目标

●【知识目标】

1. 了解砂浆的基本性能。
2. 掌握砂浆技术要求、检测标准与规范。
3. 熟练掌握砂浆的取样。
4. 掌握砂浆稠度、抗压强度的性能检测方法、步骤。

●【能力目标】

1. 能对砂浆进行现场试样。
2. 能对砂浆常规检测项目进行检测,精确读取检测数据。
3. 能够按规范要求对检测数据进行处理,评定检测结果,并规范填写检测报告。

5.2.2 任务实施

▲【取样】

1. 取样方法

(1)建筑砂浆试验用料应从同一盘砂浆或同一车砂浆中取样。取样量应不少于试验所需量的 4 倍。

(2)施工中取样进行砂浆试验时,其取样方法和原则应按相应的施工验收规范执行。一般在使用地点的砂浆槽、砂浆运送车或搅拌机出料口,至少从 3 个不同部位取样。现场取来的试样,试验前应人工搅拌均匀。

(3)从取样完毕到开始进行各项性能试验不宜超过 15 min。

2. 试样的制备

(1)在试验室制备砂浆拌合物时,所用材料应提前 24 h 运入室内。拌和时试验室的温度应保持在(20±5)℃。

注:需要模拟施工条件下所用的砂浆时,所用原材料的温度宜与施工现场保持一致。

(2)试验所用原材料应与现场使用材料一致。砂应通过公称粒径 4.75 mm 筛。

(3)试验室拌制砂浆时,材料用量应以质量计。称量精度:水泥、外加剂、掺合料等为±0.5%;砂为±1%。

(4)在试验室搅拌砂浆时应采用机械搅拌,搅拌机应符合《试验用砂浆搅拌机》(JG/T 3033—1996)的规定,搅拌的用量宜为搅拌机容量的 30%~70%,搅拌时间不应少于 120 s。掺有掺合料和外加剂的砂浆,其搅拌时间不应少于 180 s。

▲【检测设备】

1. 稠度试验

(1)砂浆稠度测定仪,如图 5-2-1 所示,由试锥、容器和支座三部分组成。试锥由钢材或铜材制成,试锥高度为 145 mm,锥底直径为 75 mm,试锥连同滑杆的质量应为(300±2)g;盛载砂浆容器由钢板制成,筒高为 180 mm,锥底内径为 150 mm;支座分为底座、支架及刻度显示三个部分,由铸铁、钢及其他金属制成。

(2)钢制捣棒:直径 10 mm、长 350 mm,端部磨圆。

(3)秒表等。

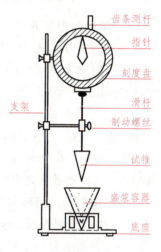

图 5-2-1 砂浆稠度测定仪

2. 立方体抗压强度试验

(1)试模,尺寸为 70.7 mm×70.7 mm×70.7 mm 的带底试模,应具有足够的刚度并拆装方便。试模的内表面应机械加工,其不平度应为每 100 mm 不超过 0.05 mm,组装后各相邻面的垂直度不应超过±0.5°。

(2)钢制捣棒,直径为 10 mm、长为 350 mm,端部应磨圆。

(3)压力试验机,精度为 1%,试件破坏荷载应不小于压力机量程的 20%,且不大于全量程的 80%。

(4)垫板,试验机上、下压板及试件之间可垫以钢垫板,垫板的尺寸应大于试件的承压面,其不平度应为每 100 mm 不超过 0.02 mm。

(5)振动台,空载中台面的垂直振幅应为(0.5±0.05)mm,空载频率应为(50±3)Hz,空载台面振幅均匀度不大于 10%,一次试验至少能固定(或用磁力吸盘)3 个试模。

▲【检测方法】

1. 稠度检测

(1)用少量润滑油轻擦滑杆,再将滑杆上多余的油用吸油纸擦净,使滑杆能自由滑动。

(2)用湿布擦净盛浆容器和试锥表面,将砂浆拌合物一次装入容器,使砂浆表面低于容器口约 10 mm。用捣棒自容器中心向边缘均匀地插捣 25 次,然后轻轻地将容器摇动或敲击五六下,使砂浆表面平整,然后将容器置于稠度测定仪的底座上。

(3)拧松制动螺丝,向下移动滑杆,当试锥尖端与砂浆表面刚接触时,拧紧制动螺丝,使齿条侧杆下端刚接触滑杆上端,读出刻度盘上的读数(精确至 1 mm)。

(4)拧松制动螺丝,同时计时间,10 s 时立即拧紧螺丝,将齿条测杆下端接触滑杆上端,从刻度盘上读出下沉深度(精确至 1 mm),即为砂浆的稠度值。

(5)盛装容器内的砂浆,只允许测定一次稠度,重复测定时,应重新取样测定。

(6)稠度试验结果应按下列要求确定:

1)取两次试验结果的算术平均值作为测定值,精确至 1 mm;

2)如两次试验值之差大于 10 mm,应重新取样测定。

2. 立方体抗压强度检测

(1)试件成型及养护。

1)采用立方体试件,每组试件 3 个。

2)应用黄油等密封材料涂抹试模的外接缝,试模内涂刷薄层机油或隔离剂,将拌制好的砂浆一次性装满砂浆试模,成型方法根据稠度而定。当稠度≥50 mm 时采用人工振捣成型,当稠度<50 mm 时采用振动台振实成型。

①人工振捣:用捣棒均匀地由边缘向中心按螺旋方式插捣 25 次,插捣过程中当砂浆沉落低于试模口,应随时添加砂浆,可用油灰刀插捣数次,并用手将试模一边抬高 5~10 mm 各振动 5 次,使砂浆高出试模顶面 6~8 mm。

②机械振动:将砂浆一次装满试模,放置到振动台上,振动时试模不得跳动,振动 5~10 s 或持续到表面出浆为止;不得过振。

3)待表面水分稍干后,将高出试模部分的砂浆沿试模顶面刮去并抹平。

4)试件制作后应在室温为(20±5)℃的环境下静置(24±2)h,当气温较低时,可适当延长时间,但不应超过两昼夜,然后对试件进行编号、拆模。试件拆模后应立即放入温度为(20±2)℃,相对湿度为 90%以上的标准养护室中养护。养护期间,试件彼此间隔不小于 10 mm,混合砂浆试件上面应覆盖,防止有水滴在试件上。

(2)砂浆立方体试件抗压强度试验应按下列步骤进行:

1)试件从养护地点取出后应及时进行试验。试验前将试件表面擦拭干净,测量尺寸,并检查其外观,并据此计算试件的承压面积。如实测尺寸与公称尺寸之差不超过 1 mm,可按公称尺寸进行计算。

2)将试件安放在试验机的下压板(或下垫板)上,试件的承压面应与成型时的顶面垂直,试件中心应与试验机下压板(或下垫板)中心对准。开动试验机,当上压板与试件(或上垫板)接近时,调整球座,使接触面均衡受压。承压试验应连续而均匀地加荷,加荷速度应为每秒钟 0.25~1.5 kN(砂浆强度不大于 2.5 MPa 时,宜取下限;砂浆强度大于 2.5 MPa 时,宜取上限),当试件接近破坏而开始迅速变形时,停止调整试验机油门,直至试件破坏,然后记录破坏荷载。

(3)砂浆立方体抗压强度应按下式计算:

$$f_{m,cu} = K \times \frac{N_u}{A} \tag{5-2-1}$$

式中 $f_{m,cu}$——砂浆立方体试件抗压强度(MPa);
  N_u——试件破坏荷载(N);
  A——试件承压面积(mm^2);
  K——换算系数,取 1.35。

砂浆立方体试件抗压强度应精确至 0.1 MPa。

以 3 个试件测值的算术平均值作为该组试件的砂浆立方体试件抗压强度平均值(精确至 0.1 MPa)。

当 3 个测值的最大值或最小值中如有一个与中间值的差值超过中间值的 15% 时,则把最大值及最小值一并舍除,取中间值作为该组试件的抗压强度值;如有两个测值与中间值的差值均超过中间值的 15% 时,则该组试件的试验结果无效。

▲【检测报告】

砂浆稠度试验检测报告见表 5-2-1。砂浆立方体抗压强度检测报告见表 5-2-2。

表 5-2-1 砂浆稠度试验检测报告

试验室名称: 记录编号:

工程部位/用途		委托/任务编号	/
试验依据		样品编号	
样品描述		样品名称	
试验条件		试验日期	
主要仪器设备及编号			
砂浆种类		搅拌方式	
稠度			
试验次数	设计值/mm	稠度测值/mm	稠度测定值/mm
备注:			

试验: 复核: 日期: 年 月 日

表 5-2-2　砂浆立方体抗压强度检测报告

工程名称		报告编号	
工程部位		检验编号	
委托单位		委托人	
见证单位		见证人	
砂浆品种		设计强度等级	
水泥品种及强度等级		出厂检验编号	
水泥生产厂		砂子产地	
掺合料名称及产地		占水泥用量/%	
外加剂名称及产地		占水泥用量/%	
砂浆成型日期		试块收到日期	
要求龄期/d		要求检验日期	
检验依据		试块养护条件	

试件编号	检验日期	实际龄期/d	试块规格尺寸/mm	受压面积/mm²	单块荷载/kN	抗压强度/MPa		达到设计强度/%
						单块	平均	

备注	
	（检验专用章） 签发日期：　年　月　日

5.2.3 任务小结

本任务详细介绍了砂浆稠度、立方体抗压强度检测的见证取样、设备选用、检测方法等相关知识,主要以建筑砂浆常规检测项目为主。

5.2.4 任务训练

在校内建材实训中心完成砂浆的稠度、立方抗压强度检测。要求明确检测目的,准备检测材料与设备,分组讨论制订检测方案,小组合作完成检测任务,认真填写检测报告,做好自我评价与总结。

项目六

建筑钢材检测技术

任务一　建筑钢材的基本性能

6.1.1　任务目标

◉ 【知识目标】

1. 了解钢材的基本性能。
2. 掌握钢材技术要求、检测标准与规范。

◉ 【能力目标】

1. 能区分各种钢材。
2. 能确定钢筋的各种强度。

6.1.2　任务实施

钢是碳的质量分数小于2.11%的铁碳合金。因其资源丰富,可以进行大规模工业化生产,并且性能优异,可以通过各种加工处理来改变其形状、尺寸和性能,故而能更好地满足国民经济发展和人们的多种需求。目前,钢材的生产量和消费量都非常大,钢材已成为最重要的一种工业建筑材料。

▲【钢材的分类】

1. 按冶炼方法分类

按照冶炼方法和设备的不同,工业用钢可分为平炉钢、转炉钢和电炉钢三大类,每一大类按其炉衬材料的不同,又可分为酸性钢和碱性钢两类。

(1)平炉钢,一般属碱性钢,只有在特殊情况下,才在酸性平炉里炼制。

（2）转炉钢，除可分为酸性和碱性转炉钢外，还可分为底吹、侧吹、顶吹转炉钢。而这两种分类方法，又经常混用。

（3）电炉钢，分为电弧炉钢、感应电炉钢、真空感应电炉钢和钢电渣电炉钢等。工业上大量生产的主要是碱性电弧炉钢。按脱氧程度和浇筑制度的不同，还可分为沸腾钢、镇静钢、半镇静钢三类。

2. 按化学成分分类

按照化学成分的不同，可以把钢分为碳素钢和合金钢两大类。

（1）碳素钢。碳素钢根据含碳量不同，大致又可分为以下三种。

1）低碳钢——碳的质量分数小于0.25%的钢。

2）中碳钢——碳的质量分数在0.25%～0.60%之间的钢。

3）高碳钢——碳的质量分数大于0.60%的钢。

此外，含碳量小于0.04%的钢又称工业纯铁。

（2）合金钢。根据钢中合金元素总含量的不同，大致又可分为以下三种合金钢。

1）低合金钢——合金元素总的质量分数小于5%的钢。

2）中合金钢——合金元素总的质量分数在5%～10%之间的钢。

3）高合金钢——合金元素总的质量分数大于10%的钢。

根据钢中所含合金元素的种类的多少，又可分为二元合金钢、三元合金钢以及多元合金钢等钢种，如锰钢、铬钢、硅锰钢、铬锰钢、铬钼钢、钒钢等。

3. 按品质分类

根据钢中所含有害杂质的多少，工业用钢通常分为普通钢、优质钢和高级优质钢三大类。

（1）普通钢。一般含硫量不超过0.050%，但对酸性转炉钢的含硫量允许适当放宽，属于这类的如普通碳素钢。普通碳素钢按技术条件又可分为。

1）甲类钢——只保证机械性能的钢。

2）乙类钢——只保证化学成分，但不必保证机械性能的钢。

3）特类钢——既保证化学成分，又保证机械性能的钢。

（2）优质钢。在结构钢中，含硫量不超过0.045%，含碳量不超过0.040%；在工具钢中含硫量不超过0.030%，含碳量不超过0.035%。对于其他杂质，如铬、镍、铜等的含量都有一定的限制。

（3）高级优质钢。这一类钢一般都是合金钢。钢中含硫量不超过0.020%，含碳量不超过0.030%，对其他杂质的含量要求更加严格。

除以上三种外，对于具有特殊要求的钢，还可列为特级优质钢，从而形成四大类。

4. 按用途分类

根据用途的不同，工业用钢可分为以下三大类。

（1）结构钢。按照其不同用途又可分为：

项目 六 建筑钢材检测技术

建造用钢——如用来建造格栅钢结构、船舶、厂房结构及其他建筑用的各种型钢以及普通用钢。

机械制造用钢——主要用于制造机器或其他机械零件用钢。这类钢中，对含碳量 0.1%～0.3%的并需经表面渗碳处理后才可使用的钢称渗碳钢。对于含碳量在 0.3%～0.6%的并需经淬火及回火处理后才可使用的钢称为调质钢。

弹簧钢和轴承钢——主要用于制造机械设备零件用钢，一般列为机械制造用的结构钢一类。这两种钢各有其专门的用途，含碳量都比较高，因而常常被单独地列为一类。

(2)工具钢。用以制造各种工具用的高碳钢与中碳优质钢，包括碳素工具钢、合金工具钢和高速工具用钢等。工具钢还可以按其具体的用途再细分为：刀具用钢、量具用钢、模具用钢等。

(3)特殊性能的钢。它具有特殊物理和化学性能钢的总称，包括不锈耐酸钢、耐热不起皮钢、电热合金钢、磁性材料钢等。

上述四种分类方法，只是最常见和常用的几种，另外，还有其他的分类方法。根据不同需要或不同场合而采用不同的分类方法。在有些情况下，这几种分类方法往往混合使用。

▲【建筑钢材的力学性能】

建筑结构钢是指用于建筑工程金属结构的钢材。建筑钢材必须具有足够的强度，良好的塑性、韧性、耐疲劳性和优良的焊接性能，且易于冷热加工成型，耐腐蚀性好，成本低廉。

1. 屈服强度

对于不可逆(塑性)变形开始出现时金属单位截面上的最低作用外力，定义为屈服强度或屈服点。它标志着金属对初始塑性变形的抗力。

钢材在单向均匀拉力作用下，根据应力—应变($\sigma-\varepsilon$)曲线图(图 6-1-1)，可分为弹性、弹塑性、屈服、强化四个阶段。

钢结构强度校核时根据荷载算得的应力小于材料的容许应力$[\sigma_s]$时结构是安全的。

$$\sigma \leqslant [\sigma_s]$$

容许应力$[\sigma_s]$可用式(6-1-1)计算：

$$[\sigma_s] = \frac{\sigma_s}{K} \quad (6-1-1)$$

式中 σ_s——材料屈服强度；
      K——安全系数。

屈服强度是作为强度计算和确定结构尺寸的最基本参数。

2. 抗拉强度

钢材的抗拉强度表示能承受的最大拉应力值(图 6-1-1 中的 E 点)。在建筑钢结构中，以规定抗拉强度的上、下限作为控制钢材冶金质量的一个手段。

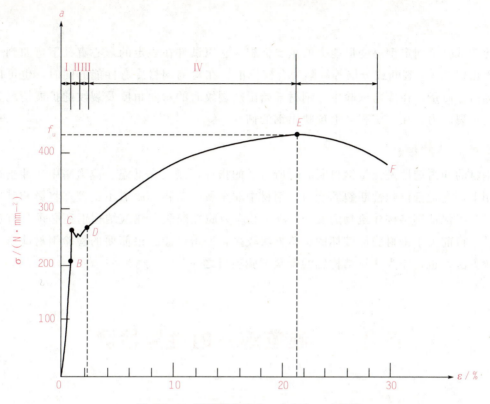

图 6-1-1　低碳钢的应力—应变（σ—ε）曲线

(1)抗拉强度太低反映钢的生产工艺不当,冶金质量不良(钢中气体、非金属夹杂物过多等);抗拉强度过高则反映轧钢工艺不当,终轧温度太低,使钢材过分硬化,从而引起钢材塑性、韧性的下降。

(2)规定了钢材强度的上、下限就可以使钢材与钢材之间,钢材与焊缝之间的强度较为接近,使结构具有等强度的要求,避免因材料强度不均而产生过度的应力集中。

(3)控制抗拉强度范围还可以避免因钢材的强度过高而给冷加工和焊接带来困难。

由于钢材应力超过屈服强度后出现较大的残余变形,结构不能正常使用,因此钢结构设计是以屈服强度作为承载力极限状态的标志值,相应地在一定程度上抗拉强度即作为强度储备。其储备率可用抗拉强度与屈服强度的比值强屈比(f_u/f_y)表示,强屈比越大则强度储备越大。所以对钢材除要求符合屈服强度外,还应符合抗拉强度的要求。

3. 伸长率

伸长率是钢材加工工艺性能的重要指标,并显示钢材冶金质量的好坏。

伸长率是衡量钢材塑性及延性性能的指标。伸长率越大,表示塑性及延性性能越好,钢材断裂前永久塑性变形和吸收能量的能力越强。对建筑结构钢的伸长率要求应在16%～23%之间。钢的伸长率太低,可能是钢的冶金质量不好所致;伸长率太高,则可能引起钢的强度、韧性等其他性能的下降。随着钢的屈服强度等级的提高,伸长率的指标可以有少许降低。

4. 冷弯试验

冷弯试验是测定钢材变形能力的重要标志。它以试件在规定的弯心直径下弯曲到一定角度不出现裂纹、裂断或分层等缺陷为合格标准。在检测钢材冷弯性能的同时，也可以检验钢的冶金质量。在冷弯试验中，钢材开始出现裂纹时的弯曲角度及裂纹的扩展情况显示了钢的抗裂能力，在一定程度上反映出钢的韧性。

5. 冲击韧性

钢材的冲击韧性是衡量钢材断裂时所做功的指标，以及在低温、应力集中、冲击荷载等作用下，衡量抵抗脆性断裂的能力。钢材中非金属夹杂物、脱氧不良等都将影响其冲击韧性。为了保证钢结构建筑物的安全，防止低应力脆性断裂，建筑结构钢还必须具有良好的韧性。目前关于钢材脆性破坏的试验方法较多，冲击试验是最简便的检验钢材缺口韧性的试验方法，也是作为建筑结构钢的验收试验项目之一。

任务二　建筑钢材的性能检测

6.2.1　任务目标

【知识目标】

1. 了解钢材的基本性能。
2. 掌握钢材技术要求、检测标准与规范。
3. 熟练掌握钢筋的取样。
4. 掌握钢筋的拉伸、冷弯性能的检测方法和步骤。

【能力目标】

1. 能对钢材进行现场试样。
2. 能对钢材常规检测项目进行检测，精确读取检测数据。
3. 能够按规范要求对检测数据进行处理，评定检测结果，并规范填写检测报告。

6.2.2　任务实施

【取样】

（1）钢筋混凝土用热轧钢筋，同一公称直径和同一炉罐号组成的钢筋应分批检查和验收,每批质量不大于60 t。

(2)钢筋应有出厂证明或试验报告单。验收时应抽样作机械性能试验:拉伸试验和冷弯试验。钢筋在使用中若有脆断、焊接性能不良或机械性能显著不正常时,还应进行化学成分分析。验收时应检验尺寸、表面及质量偏差等。

(3)钢筋拉伸及冷弯使用的试样不允许进行车削加工。试验应在(20±10)℃的温度下进行,否则应在报告中注明。

(4)验收取样时,自每批钢筋中任取两根截取拉伸试样,任取两根截取冷弯试样。在拉伸试验的试件中,若有一根试件的屈服点、抗拉强度和伸长率三个指标中有一个达不到标准中的规定值,或冷弯试验中有一根试件不符合标准要求,则在同一批钢筋中再抽取双倍数量的试件进行该不合格项目的复验。复验结果中只要有一个指标不合格,则该试验项目判定为不合格,整批不得交货。

(5)拉伸和冷弯试件的长度 L,分别按下式计算后截取:

拉伸试件: $$L=L_0+2h+2h_1 \tag{6-2-1}$$

冷弯试件: $$L_w=5a+150 \tag{6-2-2}$$

式中 L、L_w——分别为拉伸试件和冷弯试件的长度(mm);

L_0——拉伸试件的标距,$L_0=5a$ 或 $L_0=10a$(mm);

h、h_1——分别为夹具长度和预留长度(mm),$h_1=(0.5\sim1)a$,如图6-2-1所示;

a——钢筋的公称直径(mm)。

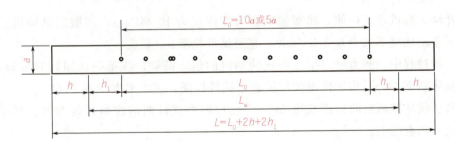

图6-2-1 钢筋拉伸试验试件

a—试样原始直径;L_0—标距长度;h_1—取$(0.5\sim1)a$;h—夹具长度

【检测设备】

1. 拉伸试验主要仪器设备

(1)万能材料试验机,示值误差不大于1%。量程的选择:试验时达到最大荷载时,指针最好在第三象限(180°~270°)内,或者数显破坏荷载在量程的50%~75%之间。

(2)钢筋打点机或划线机、游标卡尺(精度为0.1 mm)等。

2. 冷弯试验主要仪器设备

万能材料试验机、具有一定弯心直径的冷弯冲头等。

▲【检测方法】

1. 拉伸试验

(1)试样制备。拉伸试验用钢筋试件不得进行车削加工,可以用两个或一系列等分小冲点或细画线标出试件原始标距,测量标距长度 L_0,精确至 0.1 mm,如图 6-2-1 所示。根据钢筋的公称直径按表 6-2-1 选取公称横截面积(mm^2)。

表 6-2-1 钢筋公称横截面积

公称直径/mm	公称横截面面积/mm^2	公称直径/mm	公称横截面面积/mm^2
6	28.3	18	254.5
6.5	33.2	20	314.2
8	50.27	22	380.1
10	78.54	25	490.9
12	113.1	28	615.8
14	153.9	30	706.9
16	201.1	32	804.3

(2)检测步骤。

1)将试件上端固定在试验机上夹具内,调整试验机零点,装好描绘器、纸、笔等,再用下夹具固定试件下端。

2)开动试验机进行拉伸,屈服前应力增加速度为 10 MPa/s;屈服后试验机活动夹头在荷载下移动速度不大于 $0.5 L_c$/min,直至试件拉断。

3)拉伸过程中,测力度盘指针停止转动时的恒定荷载,或第一次回转时的最小荷载,即为屈服荷载 F_s(N)。将试件继续加荷直至试件拉断,读出最大荷载 F_b(N)。

4)测量试件拉断后的标距长度 L_1。将已拉断的试件两端在断裂处对齐,尽量使其轴线位于同一条直线上。

如拉断处距离邻近标距端点大于 $L_0/3$ 时,可用游标卡尺直接量出 L_1。如拉断处距离邻近标距端点小于或等于 $L_0/3$ 时,可按下述移位法确定 L_1:在长段上自断点起,取等于短段格数得 B 点,再取等于长段所余格数(偶数如图 6-2-2)之半得 C 点;或者取所余格数(奇数如图 6-2-2)减 1 与加 1 之半得 C 与 C_1 点。则移位后的 L_1 分别为 $AB+2BC$ 或 $AB+BC+BC_1$。

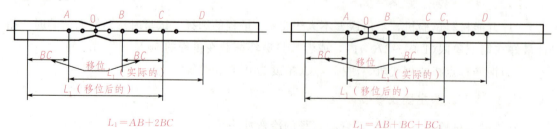

图 6-2-2 用移位法计算标距

如果直接测量所求得的伸长率能达到技术条件要求的规定值,则可不采用移位法。

5)结果评定。

①钢筋的屈服点 σ_s 和抗拉强度 σ_b 按下式计算:

$$\sigma_s = \frac{F_s}{A} \tag{6-2-3}$$

$$\sigma_b = \frac{F_b}{A} \tag{6-2-4}$$

式中 σ_s、σ_b——分别为钢筋的屈服点和抗拉强度(MPa);

F_s、F_b——分别为钢筋的屈服荷载和最大荷载(N);

A——试件的公称横截面积(mm^2)。

当 σ_s、σ_b 大于 1 000 MPa 时,应精确至 10 MPa,按"四舍六入五单双法"修约;为 200～1 000 MPa 时,精确至 5 MPa,按"二五进位法"修约;小于 200 MPa 时,精确至 1 MPa,小数点数字按"四舍六入五单双法"处理。

②钢筋的伸长率 δ_5 或 δ_{10} 按下式计算:

$$\delta_5(\text{或 }\delta_{10}) = \frac{L_1 - L_0}{L_0} \times 100\% \tag{6-2-5}$$

式中 δ_5、δ_{10}——分别为 $L_0 = 5a$ 或 $L_0 = 10a$ 时的伸长率(精确至 1%);

L_0——原标距长度 $5a$ 或 $10a$(mm);

L_1——试件拉断后直接量出或按移位法的标距长度(mm,精确至 0.1 mm)。

如试件在标距端点上或标距处断裂,则试验结果无效,应重做试验。

2. 冷弯试验

(1)按图 6-2-3(a)调整试验机各种平台上支辊距离 L_1。d 为冷弯冲头直径,$d = na$,n 为自然数,其值大小根据钢筋级别确定。

(2)将试件按图 6-2-3(a)安放好后,平稳地加荷,钢筋弯曲至规定角度(90°或 180°)后停止冷弯,如图 6-2-3(b)和图 6-2-3(c)所示。

(3)结果评定。在常温下,在规定的弯心直径和弯曲角度下对钢筋进行弯曲,检测两根弯曲钢筋的外表面,若无裂纹、断裂或起层,即判定钢筋的冷弯合格,否则冷弯不合格。

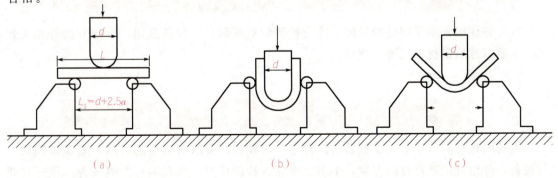

图 6-2-3 钢筋冷弯试验装置示意图

(a)冷弯试件和支座;(b)弯曲 180°;(c)弯曲 90°

▲【检测报告】

钢材拉伸、冷弯试验检测报告见表 6-2-2。

表 6-2-2　钢材拉伸、冷弯试验检测报告

试样描述		取样名称		试验规程		
材料产地		用途		试验日期		
试验仪器及编号						
试样名称						
序号						
试样尺寸	直径/mm					
	截面积/mm²					
	标距/mm					
拉伸荷载/kN	屈服					
	极限					
强度/MPa	屈服点					
	拉伸强度					
伸长率/%	伸长/mm					
	伸长率/%					
冷弯	弯曲角度/(°)					
	结果					
断口形式						
结论：						

6.2.3　任务小结

本任务详细介绍了钢筋的拉伸、冷弯检测的见证取样、设备选用、检测方法等相关知识，主要以建筑钢材常规检测项目为主。

6.2.4　任务训练

在校内建材实训中心完成钢筋的拉伸、冷弯检测。要求明确检测目的，准备检测材料与设备，分组讨论制订检测方案，小组合作完成检测任务，认真填写检测报告，做好自我评价与总结。

项目七 墙体及屋面材料检测技术

墙体具有承重、围护和分隔作用，墙体材料是建筑工程中用量较大的材料，因此，合理地选择墙体材料对建筑物的安全、功能及造价等具有重要意义。目前所用的墙体材料主要有砖、砌块和板材三大类。需要指出的是，烧结普通砖中的黏土砖，因其毁田取土，能耗大、块体小、施工效率低，自重大，抗震性差等缺点，在我国主要大、中城市及地区已被禁止使用。需重视烧结多孔砖、烧结空心砖的推广应用，因地制宜地发展新型墙体材料。利用工业废料生产的粉煤灰砖、煤矸石砖、页岩砖等以及各种砌块、板材正在逐步发展，并将逐渐取代普通烧结砖。

任务一 墙体材料的基本性能

7.1.1 任务目标

● 【知识目标】

1. 了解砌墙砖、砌块和墙体板材的基本性质与用途。
2. 熟悉砌墙砖及砌块的质量标准、技术要求和检测标准。

● 【能力目标】

1. 能够准确地评定砌墙砖、砌块和墙体板材的基本性能。
2. 能够正确选用和使用砌墙砖、砌块和墙体板材。

7.1.2 任务实施

▲【砌墙砖】

砖按生产工艺可分为烧结砖和非烧结砖。烧结砖是经焙烧工艺制得，非烧结砖通常是

项目七 墙体及屋面材料检测技术

通过蒸汽养护或蒸压养护制得。烧结砖包括烧结普通砖、烧结多孔砖、烧结空心砖和空心砌块;非烧结砖包括蒸压灰砂砖、粉煤灰砖、混凝土普通砖和装饰砖、混凝土实心砖、炉渣砖和碳化砖等。

1. 烧结普通砖

烧结普通砖是指以黏土、页岩、粉煤灰、煤矸石等为主要原料,经成型、干燥、焙烧而制得的实心砖。

焙烧是生产全过程中最重要的环节,砖坯在焙烧过程中,应严格控制窑内的温度及温度分布的均匀性。若焙烧温度过低,会出现欠火砖;焙烧温度过高,会出现过火砖。欠火砖孔隙率大、色浅、声哑、强度低、耐久性差;过火砖色深、声脆、强度高,但有弯曲变形,尺寸不规整。欠火砖和过火砖均属不合格产品。

(1)分类。烧结普通砖按主要原料分为黏土砖(N)、页岩砖(Y)、煤矸石砖(M)和粉煤灰砖(F)。

当砖坯在氧化气氛中烧成出窑,则制得红砖。若砖坯在氧化气氛中烧成后,再经浇水闷窑,使窑内形成还原气氛,促使砖内的红色高价氧化铁(Fe_2O_3)还原成青灰色的低价氧化铁(FeO),即制得青砖。青砖的强度比红砖高,耐久性好,但价格较贵。

按焙烧方法不同,烧结砖又可分为内燃砖和外燃砖。内燃砖是将劣质煤或含热值的工业灰渣(如煤矸石、炉渣、粉煤灰等)破碎后混入泥料中制坯,当砖焙烧到一定温度时,内燃料在坯体内也进行燃烧,这样烧成的砖称为内燃砖。这项工艺有助于节约商品煤、提高焙烧速度,内燃砖强度(特别是抗折强度)提高,表观密度减小,导热系数降低,但条面易有深色压印。

(2)技术要求。根据国家标准《烧结普通砖》(GB 5101—2003)的规定,砖的主要技术要求有:尺寸偏差、外观质量、强度、抗风化性能、泛霜和石灰爆裂等六个方面。

强度和抗风化性能和放射性物质合格的砖,根据尺寸偏差、外观质量、泛霜和石灰爆裂等分为优等品(A)、一等品(B)、合格品(C)三个质量等级。

优等品适用于清水墙和装饰墙,一等品、合格品可用于混水墙。中等泛霜的砖不能用于潮湿部位。各项技术指标应满足下列要求。

1)尺寸偏差。烧结普通砖尺寸规格为 240 mm×115 mm×53 mm,其中 240 mm×115 mm 面称为大面,240 mm×53 mm 面称为条面,115 mm×53 mm 面称为顶面。在砌筑时,4 块砖长、8 块砖宽、16 块砖厚,再分别加上砌筑灰缝,其长度均为 1 m。

烧结普通砖尺寸允许偏差应符合表 7-1-1 的规定。

表 7-1-1　烧结普通砖尺寸允许偏差　　　　　　　　　　mm

公称尺寸	优等品		一等品		合格品	
	样本平均偏差	样本极差≤	样本平均偏差	样本极差≤	样本平均偏差	样本极差≤
240	±2.0	6	±2.5	7	±3.0	8
115	±1.5	5	±2.0	6	±2.5	7
53	±1.5	4	±1.6	5	±2.0	6

2)外观质量。烧结普通砖的外观质量应符合表 7-1-2 的规定。

表 7-1-2　烧结普通砖的外观质量要求　　　　　　　　　　　　　　　　mm

项　　目			优等品	一等品	合格品
两条面高度差		≤	2	3	4
弯曲		≤	2	3	4
杂质凸出高度		≤	2	3	4
缺棱掉角的三个破坏尺寸		不得同时大于	5	20	30
裂纹长度 ≤	A. 大面上宽度方向及延伸至条面的长度		30	60	80
	B. 大面上长度方向及其延伸至顶面的长度或条顶面上水平裂纹的长度		50	80	100
完整面[a]		不得少于	二条面和二顶面	一条面和一顶面	—
颜色			基本一致	—	—

注：为装饰而施加的色差、凹凸纹、拉毛、压花等不算作缺陷。
　　a 凡有下列缺陷之一者，不得称为完整面。
　　a)缺损在条面或顶面上造成的破换面尺寸同时大于 10 mm×10 mm。
　　b)条面或顶面上裂纹宽度大于 1 mm，其长度超过 30 mm。
　　c)压陷、粘底、焦花在条面或顶面上的凹陷或凸出超过 2 mm，区域尺寸同时大于 10 mm×10 mm。

3)强度等级。取 10 块砖试样进行抗压强度试验，烧结普通砖根据抗压强度分为 MU30、MU25、MU20、MU15、MU10 共 5 个强度等级。如 10 块砖抗压强度的变异系数 $\delta \leq 0.21$，按强度平均值和标准值评定砖的强度；当 $\delta \geq 0.21$ 时，按强度平均值和单块最小强度评定砖的强度等级。

烧结普通砖的强度等级应符合表 7-1-3 的规定。

表 7-1-3　烧结普通砖的强度等级　　　　　　　　　　　　　　　　MPa

强度等级	抗压强度平均值	变异系数 $\delta \leq 0.21$ 强度标准值 $f_k \geq$	变异系数 $\delta > 0.21$ 单块最小抗压强度值 $f_{min} \geq$
MU30	30.0	22.0	25.0
MU25	25.0	18.0	22.0
MU20	20.0	14.0	16.0
MU15	15.0	10.0	12.0
MU10	10.0	6.5	7.5

4)泛霜。泛霜是砖使用过程中的一种盐析现象。砖内过量的可溶性盐(如硫酸钠)受潮吸水而溶解，随水分蒸发迁移至砖表面，在过饱和状态下结晶析出，形成白色粉末状附着物，常在砖表面形成絮团状斑点，影响建筑物的美观。如果溶盐为硫酸盐，当水分蒸发呈

晶体析出时，产生膨胀，会造成砖表面粉化与脱落，破坏砖与砂浆的粘结，使建筑物墙体抹灰层剥落，严重的还可能降低墙体的承载力。

《烧结普通砖》(GB 5101—2003)规定：优等品无泛霜，一等品不允许出现中等泛霜，合格品不允许出现严重泛霜。

5) 石灰爆裂。当生产烧结普通砖的原料含有石灰质时，焙烧砖时石灰质会被煅烧成生石灰，使用过程中这些生石灰会吸收外界水分熟化并产生体积膨胀，导致砖发生膨胀性破坏，这种现象称为石灰爆裂。石灰爆裂对墙体的危害很大，轻者影响外观，缩短使用寿命，重者会使砖砌体强度下降，危及建筑物的安全。

烧结普通砖对石灰爆裂的要求应符合表 7-1-4 的规定。

表 7-1-4　烧结普通砖对石灰爆裂的要求

项 目	优等品	一等品	合格品
石灰爆裂	不允许出现最大破坏尺寸大于 2 mm 的爆裂区域	① 最大破坏尺寸大于 2 mm 且小于等于 10 mm 的爆裂区域，每组砖样不得多于 15 处 ② 不允许出现最大破坏尺寸大于 10 mm 的爆裂区域	① 最大破坏尺寸大于 2 mm 且小于等于 15 mm 的爆裂区域，每组砖样不得多于 15 处，其中大于 10 mm 的不得多于 7 处 ② 不允许出现最大破坏尺寸大于 15 mm 的爆裂区域

6) 抗风化性能。抗风化性能是指在干湿变化、温度变化、冻融变化等物理因素作用下，材料不破坏并长期保持原有性质的能力。通常以抗冻性、吸水率和饱和系数(砖在常温下浸水 24 h 后的吸水率与 5 h 沸煮吸水率之比)等指标判定。

此外，烧结普通砖中不允许有欠火砖、酥砖和螺旋纹砖。其中，酥砖是由于生产中砖坯淋雨、受潮、受冻，或焙烧中预热过急、冷却太快等原因，致使成品砖产生大量程度不等的网状裂纹，严重降低砖的强度和抗冻性。螺旋纹砖是因为生产中挤泥机挤出的泥条上存有螺旋纹，它在烧结时难于被消除而使成品砖上形成螺旋状裂纹，导致砖的强度降低，并且受冻后会产生层层脱皮现象。

(3) 应用。烧结普通砖是传统的墙体材料，应用历史悠久，有"秦砖汉瓦"之说。烧结普通砖生产工艺简单，价格低廉，既有一定的强度，又有较好的隔热、隔声性能，在建筑工程中主要用作承重墙体材料。

烧结砖由于含有一定的孔隙，在砌筑墙体时会吸收砂浆中的水分，影响砂浆中水泥的正常凝结硬化，使墙体的强度下降。因此，在砌筑烧结普通砖时，必须预先使砖充分吸水湿润，才能使用。

2. 烧结多孔砖和烧结空心砖

烧结多孔砖和烧结空心砖的原料及生产工艺与烧结普通砖基本相同，所不同的是对原料的可塑性要求较高。生产时在挤泥机的出口处设有成孔芯头，以使挤出的坯体中形成孔洞。

(1) 烧结多孔砖与空心砖的特点。多孔砖为大面有孔洞的砖，孔多而小，如图 7-1-1 所示，使用时孔洞垂直于承压面。空心砖为顶面有孔洞的砖，孔大而小，如图7-1-2所示，使用时孔洞平行于承压面。

与普通砖相比，生产多孔砖和空心砖，可节省黏土20%～30%，节约燃料10%～20%，采用多孔砖或空心砖砌筑墙体，可减轻自重1/3左右，工效提高约40%，同时还能改善墙体的热工性能。鉴于此，国家和各地方政府的有关部门都制定了限制生产和使用实心砖的政策，鼓励生产和使用多孔砖及空心砖。

烧结多孔砖作为烧结普通砖的替代产品，主要用于6层以下建筑物的承重墙体。

砖符合建筑模数，使设计规范化、系列化，提高施工速度，节约砂浆；P型砖便于与普通砖配套使用。烧结空心砖自重轻，强度较低，多用作非承重墙，如框架结构的填充墙、围墙。

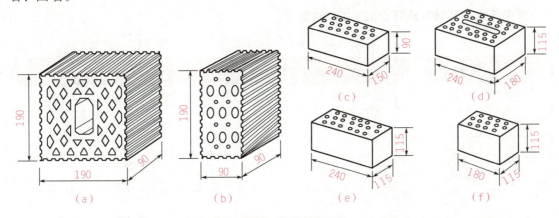

图7-1-1 烧结多孔砖

(a)KM1型；(b)KM1型配砖；(c)KP1型；(d)KP2型；(e)、(f)KP2型配砖

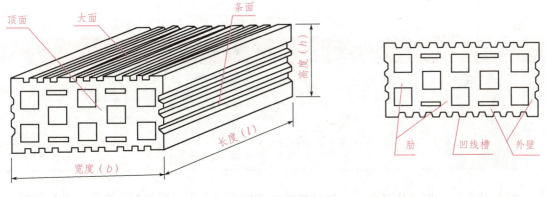

图7-1-2 烧结空心砖

(2)烧结多孔砖的技术要求。烧结多孔砖是以黏土、页岩、煤矸石、粉煤灰、淤泥(江河湖淤泥)及其他固体废弃物等为主要原料，经焙烧制成主要用于建筑物承重部位的多孔砖。烧结多孔砖应符合国家标准《烧结多孔砖和多孔砌块》(GB 13544—2011)的规定。

1)规格。砖的外形一般为直角六面体，在与砂浆的接合面上应设有结合力的粉刷槽和砌筑砂浆槽。

粉刷槽：混水墙用砖应在条面和顶面上设有均匀分布的粉刷槽或类似结构，深度不小于 2 mm。

砌筑砂浆槽：砌块至少应在一个条面或顶面上设立砌筑砂浆槽。两个条面或顶面都有砌筑砂浆槽时，砌筑砂浆槽深应大于 15 mm 且小于 25 mm；只有一个条面或顶面有砌筑砂浆槽时，砌筑砂浆槽深应大于 30 mm 且小于 40 mm。砌筑砂浆槽宽应超过砂浆槽所在砌块面宽度的 50%。

砖的长度、宽度、高度尺寸应符合下列要求：

砖规格尺寸(mm)：290、240、190、180、140、115、90。

2)等级。

①强度等级：根据砖样的抗压强度分为 MU30、MU25、MU20、MU15、MU10 共 5 个强度等级，其强度应符合表 7-1-5 的规定。

表 7-1-5　强度等级　　　　　　　　　　　　　　　　　　　　　MPa

强度等级	抗压强度平均值 ≥	强度标准值 f_k ≥
MU30	30.0	22.0
MU25	25.0	18.0
MU20	20.0	14.0
MU15	15.0	10.0
MU10	10.0	6.5

②密度等级：砖的密度等级分为 1 000、1 100、1 200、1 300 共 4 个等级。其密度等级应符合表 7-1-6 的规定。

表 7-1-6　密度等级　　　　　　　　　　　　　　　　　　　　　kg/m³

密度等级	3 块砖干燥表观密度平均值
1 000	900～1 000
1 100	1 000～1 100
1 200	1 100～1 200
1 300	1 200～1 300

3)产品标记。按产品名称、品种、规格、强度等级、密度等级和标准编号顺序编写。

例如：规格尺寸 290 mm×140 mm×90 mm，强度等级 MU25、密度 1 200 级的黏土烧结多孔砖，其标记为：烧结多孔砖 N 290×140×90 MU25 1200 GB 13544—2011。

4)技术要求。包括尺寸允许偏差、外观质量、密度等级、强度等级、孔型孔结构及孔洞率、泛霜、石灰爆裂、抗风化性能等内容，均应符合标准规定。

烧结多孔砖的尺寸允许偏差应符合表 7-1-7 的规定。

表 7-1-7　尺寸允许偏差　　　　　　　　　　　　　　　　　　mm

尺　寸	样本平均偏差	样本极差 ≤
>400	±3.0	10.0
300～400	±2.5	9.0
200～300	±2.5	8.0
100～200	±2.0	7.0
<100	±1.5	6.0

孔型孔结构及孔洞率应符合表 7-1-8 的规定。

表 7-1-8　孔型孔结构及孔洞率

| 孔 型 | 孔洞尺寸/mm | | 最小外壁厚/mm | 最小肋厚/mm | 孔洞率% | | 孔洞排列 |
	孔宽度尺寸 b	孔长度尺寸 L			砖	砌块	
矩形条孔或矩形孔	≤13	≤40	≥12	≥5	≥28	≥33	1. 所有孔宽应相等，孔采用单向或双向交错排列； 2. 孔洞排列上下、左右方向尺寸应对称，分布均匀，手抓孔的长度必须平行于砖的条面

注：1. 矩形孔的孔长 L、孔宽 b 满足式 $L≥3b$ 时，为矩形条孔。
　　2. 孔四个角应做成过渡圆角，不得做成直尖角。
　　3. 如设有砌筑砂浆槽，则砌筑砂浆槽不计算在孔洞率内。
　　4. 规格大的砖应设置手抓孔，手抓孔尺寸为 (30～40) mm×(75～85) mm。

3. 非烧结砖

不经过焙烧而制成的砖均为非烧结砖，如蒸养蒸压砖、免烧免蒸砖、混凝土多孔砖、碳化砖等。

（1）蒸压灰砂砖。蒸压灰砂砖是以石灰、砂子为主要原料，允许掺入颜料和外加剂，经坯料制备、压制成型、蒸压养护而成的实心灰砂砖。灰砂砖的外形尺寸与烧结普通砖相同。根据《蒸压灰砂砖》(GB 11945—1999) 的规定，蒸压灰砂砖按抗压强度和抗折强度分为 MU25、MU20、MU15、MU10 四个强度等级，根据产品的尺寸偏差和外观质量、强度和抗冻性分为优等品（A）、一等品（B）、合格品（C）三个等级。

同其他砖相比，灰砂砖具有较高的蓄热能力，隔声性能优越。蒸压灰砂砖主要用于建筑物的墙体、基础等承重部位。但由于灰砂砖中的一些水化产物（氢氧化钙、碳酸钙）不耐酸、不耐热、易溶于水，因此，灰砂砖不能用于长期受热高于 200 ℃、受急冷急热作用的部位和有酸性介质侵蚀的建筑部位,也不得用于受流水冲刷的部位。

(2)蒸压粉煤灰砖。蒸压粉煤灰砖是以粉煤灰、石灰为主要原料,加入适量石膏和炉渣经制坯、成型、高压或常压蒸汽养护而成的实心砖。蒸压粉煤灰砖颜色为灰色或深灰色,外形尺寸与烧结普通砖完全相同。

根据《蒸压粉煤灰砖》(JC/T 239—2014)的规定,蒸压粉煤灰砖按抗压强度和抗折强度分为 MU30、MU25、MU20、MU15、MU10 五个强度等级;根据尺寸偏差、外观质量、强度等级、干缩率分为优等品(A)、一等品(B)、合格品(C)三个产品等级。

蒸压粉煤灰砖主要用于建筑物的墙体和基础,但用于基础或易受冻融和干湿交替作用的建筑部位时,必须采用 MU15 及以上等级的砖,不得用于长期受热高于 200 ℃、受急冷急热交替作用和有酸性介质侵蚀的建筑部位。粉煤灰砖的收缩较大,用蒸压粉煤灰砖砌筑的建筑物,为了减少收缩裂缝,应适当增设圈梁和伸缩缝。

4. 混凝土砖

混凝土砖是以水泥为胶凝材料,以砂、石等为主要骨料,加水搅拌、成型、养护制成的混凝土制品,分为混凝土实心砖和混凝土多孔砖。

根据《混凝土实心砖》(GB/T 21144—2007)的规定,混凝土实心砖按混凝土自身的密度分为 A 级($\geqslant$2 100 kg/m³)、B 级(1 681～2 099 kg/m³)、C 级($\leqslant$1 680 kg/m³)三个密度等级,抗压强度分为 MU40、MU35、MU30、MU25、MU20、MU15 六个强度等级。混凝土实心砖外形尺寸与烧结普通砖完全相同,可替代烧结普通砖应用于建筑工程。

混凝土多孔砖外观及各部位名称如图 7-1-3 所示,孔洞率$\geqslant$30%,其长度、宽度、高度(mm)应符合如下要求:290、240、190、180;240、190、115、90;115、90。产品主规格尺寸为 240 mm×115 mm×90 mm,砌筑时可配合使用半砖(120 mm×115 mm×90 mm)、七分砖(180 mm×115 mm×90 mm)等。

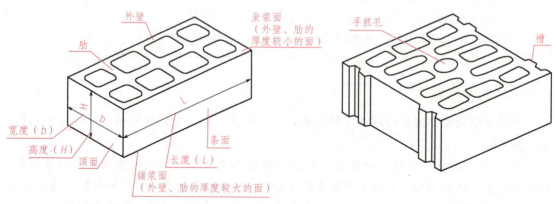

图 7-1-3 混凝土多孔砖

混凝土砖受潮后会产生湿胀,上墙干燥后会产生不同程度的干缩,进而引发墙体的干缩裂缝,因此要求施工现场采取防水、防潮措施。混凝土多孔砖不能像烧结黏土砖那样在砌筑前浇水湿润,否则砌筑时还易发生"游砖"现象,造成墙体歪斜、灰缝厚度偏小等现象。

混凝土砖的吸水率远低于烧结普通砖,因此其砌筑砂浆稠度也应低于黏土烧结多孔砖的砌筑砂浆。在实际施工中应结合施工现场的季节、温度等环境情况做适当的调整。

混凝土砖的干缩率大大高于烧结普通砖,因此,为防止和减少因温差及砌体干缩引起的墙体裂缝,应采取相应的构造措施。

▲【取样】

砌块是在建筑工程中用于砌筑墙体的尺寸较大的块状材料。砌块适应性强,既可干法操作也可湿法操作。砌块按其尺寸规格分为小型砌块(主规格高度为115~380 mm)、中型砌块(主规格高度为380~980 mm)和大型砌块(主规格高度大于980 mm);按用途分为承重砌块和非承重砌块。目前,我国以中、小型砌块使用较多,砌块所用的原料主要是混凝土、轻骨料混凝土和加气混凝土。

1. 蒸压加气混凝土砌块

蒸压加气混凝土砌块是以钙质材料(水泥、石灰等)或硅质材料(砂、矿渣、粉煤灰等)为主要原料,经过磨细,并加入铝粉为加气剂,经配料、搅拌、浇筑、发气(通过化学反应形成孔隙)、预养切割、蒸压养护等工艺制成的多孔轻质块体材料,统称为加气混凝土砌块。蒸压加气混凝土砌块的规格尺寸见表7-1-9。

表7-1-9 蒸压加气混凝土砌块的规格尺寸

长度 L/mm	宽度 B/mm	高度 H/mm
600	100、120、125 150、180、200 240、250、300	200、240、250、300
注:若需要其他规格,可由供需双方协商解决。		

根据《蒸压加气混凝土砌块》(GB 11968—2006)的规定,砌块按外观质量、体积密度和抗压强度分为优等品(A)、合格品(B)两个等级;砌块按抗压强度分为A1.0、A2.0、A2.5、A3.5、A5.0、A7.5、A10七个强度级别。各级别抗压强度应符合表7-1-10规定。

表7-1-10 蒸压加气混凝土砌块的抗压强度等级

强度等级		A1.0	A2.0	A2.5	A3.5	A5.0	A7.5	A10.0
立方体抗压强度/MPa	平均值 ≥	1.0	2.0	2.5	3.5	5.0	7.5	10.0
	最小值 ≥	0.8	1.6	2.0	2.8	4.0	6.0	8.0

蒸压加气混凝土砌块按干密度分为6个级别:B03、B04、B05、B06、B07、B08。各级别干密度应符合表7-1-11规定。

项目七 墙体及屋面材料检测技术

表 7-1-11 蒸压加气混凝土砌块干密度级别

干密度级别		B03	B04	B05	B06	B07	B08
干密度/(kg·m⁻³)	优等品（A）≤	300	400	500	600	700	800
	合格品（B）≤	325	425	525	625	725	825

蒸压加气混凝土砌块具有自重小（约为普通黏土砖的 1/3）、绝热性能好、吸声、加工方便和施工效率高等优点，但强度不高、干燥收缩率大，在建筑物中主要用于低层建筑的承重墙、钢筋混凝土框架结构的填充墙、其他非承重墙以及作为保温隔热材料。蒸压加气混凝土砌块应用于外墙时，应进行饰面处理或憎水处理。在无可靠的防护措施时，加气混凝土砌块不得用于水中或高湿度环境、有侵蚀作用的环境和温度长期高于 80 ℃ 的建筑部位。

2. 混凝土小型空心砌块

混凝土小型空心砌块是以水泥、砂、碎石和砾石为原料，加水搅拌、振动加压或冲击成型，再经养护制成的一种墙体材料，其空心率不小于 25%。常用普通混凝土小型空心砌块外形如图 7-1-4 所示。

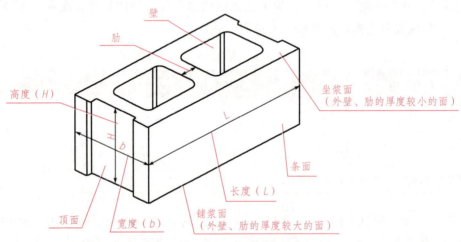

图 7-1-4 普通混凝土小型空心砌块

混凝土小型空心砌块按其抗压强度分为 MU3.5、MU5.0、MU7.5、MU10.0、MU15.0 和 MU20.0 六个等级。按其尺寸偏差、外观质量分为：优等品（A）、一等品（B）及合格品（C）。其主规格尺寸为 390 mm×190 mm×190 mm，其他规格尺寸可由供需双方协商。砌块产品标记按产品名称（代号 NHB）、强度等级、外观质量等级和标准编号顺序。用于承重墙和外墙的砌块，要求其干缩率小于 0.5 mm/m；非承重墙和内墙的砌块其干缩率应小于 0.6 mm/m。

混凝土小型空心砌块可用于多层建筑的内墙和外墙。在砌块的空洞内可浇筑配筋芯柱，能提高建筑物的延性。这种砌块在砌筑时一般不宜浇水，但在气候特别干燥炎热时，可在砌筑前稍喷水湿润。

3. 蒸养粉煤灰砌块

蒸养粉煤灰砌块是以粉煤灰、石灰、石膏和骨料（炉渣、矿渣）等为原料，经配料、加水搅拌、振动成型、蒸汽养护而制成的密实砌块。其主要规格尺寸有 880 mm×380 mm×240 mm 和 880 mm×430 mm×240 mm 两种。

蒸养粉煤灰砌块按抗压强度分为 MU10 和 MU13 两个强度等级；根据外观质量、尺寸偏差及干缩值分为一等品（A）、合格品（C）两个质量等级，其中一等品要求干缩值≤0.75 mm，合格品要求干缩值≤0.90 mm。

蒸养粉煤灰砌块干缩值比水泥混凝土大，弹性模量低于同强度等级的水泥混凝土制品。适用于一般建筑物的墙体和基础，但不宜用于长期受高温影响和潮湿环境的承重墙，也不宜用于有酸性介质侵蚀的部位。

4. 石膏空心砌块

以石膏粉或高强石膏粉为主要原料，掺入增强材料和外加剂浇筑而成的砌块。

现有规格尺寸（mm）：厚度为 80、100、120；长度为 500；高度为 500。

石膏空心砌块轻质、吸声、绝热，具有一定的耐火性并可钉可锯，广泛用于高层建筑、框架轻板结构、房屋加层等非承重墙。

【墙用板材】

墙用板材是一类新型墙体材料。它改变了墙体施工的传统工艺，采用粘结、组合等方法进行施工，极大地加快了墙体施工的速度。墙板除轻质外，还具有保温、隔热、隔声、使用面积大、施工方便快捷等特点，为高层、大跨度建筑及建筑工业实现现代化提供了物质基础，具有很好的发展前景。

墙用板材分为内墙板材和外墙板材。内墙板材大多为各类石膏板、石棉水泥板、加气混凝土板等，这些板材具有质量轻、保温效果好、隔声、防火、装饰效果好等优点。外墙板材大多采用加气混凝土板、各类复合板材、玻璃钢板等。下面主要介绍几种常用的、具有代表性的墙用板材。

1. 石膏类墙用板材

石膏类板材具有质量轻、保温、隔热、吸声、防火、调湿、尺寸稳定、可加工性好、成本低等优良性能，是一种很有发展前途的新型板材，也是良好的室内装饰材料。石膏板在内墙板中占有较大的比例，常用的石膏板有纸面石膏板、纤维石膏板、石膏空心板、石膏刨花板等。

（1）纸面石膏板。纸面石膏板是以建筑石膏为主要原料，加入适量纤维和外加剂构成芯板，再用两面特制的护面纸牢固结合在一起的建筑板材。护面纸主要起提高板材抗弯、抗冲击能力的作用。纸面石膏板根据加入外加剂的不同分为普通纸面石膏板、耐水纸面石膏板、耐火纸面石膏板等。

纸面石膏板的表观密度为 800～1 000 kg/m³，导热系数为 0.19～0.21 W/(m·K)，隔声指数为 35～45 dB。纸面石膏板表面平整，尺寸稳定，质量轻、隔热、隔声、防火、调湿、易加工、施工简便、劳动强度低。

普通纸面石膏板主要适用于干燥环境中的室内隔墙、天花板、复合外墙板的内壁板等，不宜用于厨房、卫生间以及空气相对湿度大于70%的场所。

防水纸面石膏板纸面经过防水处理，石膏芯材中也含有防水成分，主要用于厨房、卫生间等空气相对湿度较大的环境。

(2)纤维石膏板。纤维石膏板是以石膏为主要原料，加入适量玻璃纤维或纸筋等为增强材料，经打浆、铺浆脱水、成型、烘干等工序加工而成的板材。

纤维石膏板的抗弯强度和弹性模量均高于纸面石膏板，主要用于非承重内隔墙、顶棚、内墙贴面等。

(3)石膏空心条板。石膏空心条板是以石膏为胶凝材料，加入适量轻质材料(如膨胀珍珠岩等)和改性材料(如水泥、石灰、粉煤灰、外加剂等)，经搅拌、成型、抽芯、干燥等工序制成。石膏空心条板的规格尺寸为：长度2 500～3 000 mm，宽度500～600 mm，厚度60～90 mm。

石膏空心条板加工性好、质量轻、颜色洁白、表面平整光滑，可在板面喷刷或粘贴各种饰面材料，空心部位可预埋电线和管件，施工安装时不用龙骨，施工简单。石膏空心板主要适用于非承重内隔墙，但用于较潮湿环境时，表面须做防水处理。

2. 水泥类墙用板材

水泥类墙用板材具有较好的力学性能和耐久性，主要用于承重墙、外墙和复合外墙的外层面，但其表观密度大、抗拉强度低、体型较大的板材在施工中易受损。根据使用功能要求，生产时可制成空心板材以减轻自重和改善隔热隔声性能，也可加入一些纤维材料制成增强型板材，还可在水泥板材上制作具有装饰效果的表面层。

(1)预应力混凝土空心墙板。预应力混凝土空心墙板是以高强度的预应力钢绞线用先张法制成的混凝土墙板。该墙板可根据需要增设保温层、防水层、外饰面层等，取消了湿作业。

预应力混凝土空心墙板可用于承重或非承重的内外墙板、楼面板、屋面板、阳台板、雨篷等。

(2)GRC(玻璃纤维增强水泥)轻质多孔墙板。GRC轻质多孔墙板是以低碱性水泥为胶凝材料，膨胀珍珠岩、炉渣等为骨料，抗碱玻璃纤维为增强材料，再加入适量发泡剂和防水剂，经搅拌、成型、脱水、养护制成的条形板。其规格尺寸为：长度2 500～3 000 mm，宽度600 mm，厚度为60 mm、90 mm、120 mm。

GRC空心轻质墙板具有自重轻、强度高、韧性好、隔热、隔声、防潮、不燃、可锯可钻、可钉可刨、加工方便等优点。原材料来源广、成本低、节约资源。可用于一般建筑物非承重的内隔墙和复合墙体的外墙面。

3. 复合墙板

用单一材料制成的墙板常因材料本身不能满足墙体的多功能要求而使其使用受到限制。现代建筑常采用不同材料组成复合墙体，以减轻墙体的自重，改善墙体的保温、隔热、隔声性能。

复合墙板是由两种以上不同材料结合在一起的墙板。复合墙板可以根据功能要求组合各个层次，如结构层、保温层、饰面层等，能使各类材料的功能都得到合理利用。

(1) 混凝土夹芯板。混凝土夹芯板的内外表面用 20~30 mm 厚的钢筋混凝土，中间填以矿渣棉、岩棉、泡沫混凝土等保温材料，内外两层面板用钢筋连接，如图 7-1-5 所示。混凝土夹芯板可用于建筑物的内外墙，其夹层厚度应根据热工计算确定。

(2) 钢丝网水泥夹芯复合板材。钢丝网水泥夹芯复合板材是将泡沫塑料、岩棉、玻璃棉等轻质芯材夹在中间，两片钢丝网之间用"之"字形钢丝相互连接，形成稳定的三维网架结构，然后用水泥砂浆在两侧抹面，或进行其他饰面装饰。常用的钢丝网夹芯板材品种有多种，但基本结构相近，其结构如图 7-1-6 所示。

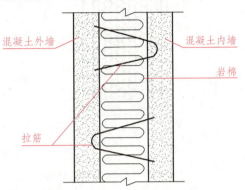

图 7-1-5　混凝土夹芯板构造

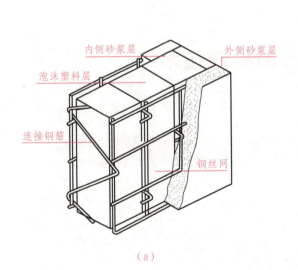

(a)

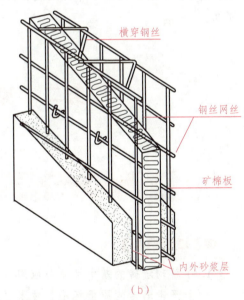

(b)

图 7-1-6　钢丝网水泥夹芯复合板材构造

(a)水泥砂浆泡沫塑料复合板；(b)水泥砂浆矿棉复合板

钢丝网水泥夹芯复合板材自重轻，约为 90 kg/m²；其热阻约为 240 mm 厚普通砖墙的两倍，具有良好的保温隔热性；另外还具有隔声性好、抗冻性能好、抗震能力强等优点，适当加钢筋后具有一定的承载能力，在建筑物中可用作墙板、屋面板和各种保温板。

(3) 彩钢夹芯板材。彩钢夹芯板材是以硬质泡沫塑料或结构岩棉为芯材，在两侧粘上彩色压型(或平面)镀锌钢板。外露的彩色钢板表面一般涂以高级彩色塑料涂层，使其具有良好的抗腐蚀能力和耐候性。彩钢夹芯板材的结构示意图如图 7-1-7 所示。

项目七 墙体及屋面材料检测技术

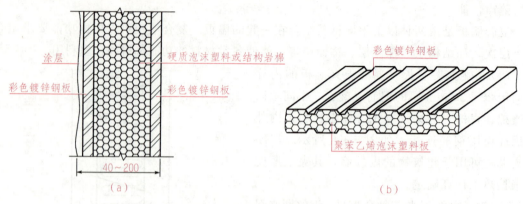

图 7-1-7 彩钢夹芯板材构造

(a)彩钢夹芯平复合板；(b)彩钢夹芯压型复合板

彩钢夹芯板材质量轻，为 $15\sim25\ kg/m^2$；导热系数低，为 $0.01\sim0.30\ W/(m·K)$；使用温度范围为 $-50\ ℃\sim120\ ℃$；具有良好的密封性能和隔声效果，还具有良好的防水、防潮、防结露和装饰效果，并且安装、移动容易。彩钢夹芯板材适用于各类建筑物的墙体和屋面。

任务二　砌墙砖的检测技术

7.2.1　任务目标

● 【知识目标】

1. 了解砌墙砖的基本性质与应用。
2. 熟悉砌墙砖的质量标准、技术要求与检测标准。
3. 掌握砌墙砖检测的方法和步骤。

● 【能力目标】

1. 能够抽取砌墙砖检测的试样。
2. 能够对砌墙砖常规检测项目进行检测，精确读取检测数据。
3. 能够对规范要求对检测数据进行处理，并评定检测结果。
4. 能够填写规范的检测原始记录并出具规范的检测数据。

7.2.2 任务实施

▲【取样】

(1)砌墙砖检验批的批量宜在 3.5 万～15 万块范围内,但不得超过一条生产线的日产量。不足 3.5 万块按一批计。抽样数量由检验项目确定,必要时可增加适当的备用砖样,见表 7-2-1。有两个以上的检验项目时,非破损检验项目(外观质量、尺寸偏差、表观密度、空隙率等)的砖样,允许在检验后继续用作他项,此时抽样数量可不包括重复使用的样品数。

表 7-2-1 抽样数量

检验项目	外观质量	尺寸偏差	强度等级	泛霜	石灰爆裂	冻融	吸水率和饱和系数	放射性
抽样砖块/块	50	20	10	5	5	5	5	4

(2)外观质量检验的试样采用随机抽样法,在每一检验批的产品堆垛中抽取;尺寸偏差检验的样品用随机抽样法从外观质量检验后的样品中抽取;其他检验项目的样品用随机抽样法从外观质量检验合格后的样品中抽取。

▲【检测设备】

1. 尺寸测量

砖用卡尺(分度值为 0.5 mm),如图 7-2-1 所示。

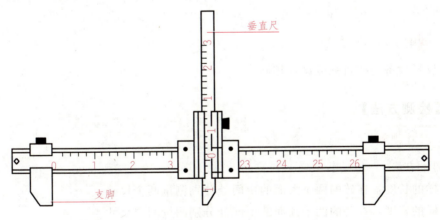

图 7-2-1 砖用卡尺

2. 外观质量检查

砖用卡尺(分度值为 0.5 mm)、钢直尺(分度值 1 mm)。

3. 砖的抗折强度试验

(1)压力试验机(300～600 kN),如图 7-2-2 所示。试验机的示值相对误差不大于

±1%，其下加压板应为支座，预期最大破坏荷载应在最大量程的20%～80%。

图 7-2-2 压力试验机

(2)砖瓦抗折试验机(或抗折夹具)，抗折试验的加荷形式为三点加荷，其上下压辊的曲率半径为 15 mm，下支辊应有一个为铰接固定。

(3)抗压试件制备平台。其表面必须平整水平，可用金属或其他材料制作。

(4)锯砖机、水平尺(规格为 250～350 mm)、钢直尺(分度值不应大于 1 mm)、抹刀、玻璃板(边长为 160 mm，厚 3～5 mm)等。

4. 砖的抗压强度试验

主要仪器设备与抗折强度试验相同。

【检测方法】

1. 尺寸测量

(1)测量方法。

1)砖样的长度：在砖的两个大面的中间处分别测量两个尺寸。

2)砖样的宽度：在砖的两个顶面的中间处分别测量两个尺寸。

3)砖样的高度：在砖的两个条面的中间处分别测量两个尺寸。

当被测处有缺损或凸出时，可在其旁边测量，但应选择不利的一侧进行测量，精确至 0.5 mm。

(2)结果评定。结果分别以长度、宽度和高度的最大偏差值表示，不足 1 mm 者按 1 mm 计。样本平均偏差是 20 块试样同一方向测量尺寸的算术平均值与其公称尺寸的差值，样本极差是抽检的 20 块试样中同一方向最大测量值与最小测量值的差值，精确至 1 mm。

2. 外观检查方法

（1）缺损。缺棱掉角在砖上造成的破损程度，以破损部分对长、宽、高三个棱边的投影尺寸来度量，称为破坏尺寸。

缺损造成的破坏面，是指缺损部分对条、顶面（空心砖为条、大面）的投影面积。空心砖内壁残缺及肋残缺尺寸，以长度方向的投影尺寸来度量。

（2）裂纹。裂纹分为长度方向、宽度方向和水平方向三种，以被测方向上的投影长度表示。如果裂纹从一个面延伸至其他面上时，则累计其延伸的投影长度。

裂纹长度以在三个方向上分别测得的最长裂纹作为测量结果，如图7-2-3所示。

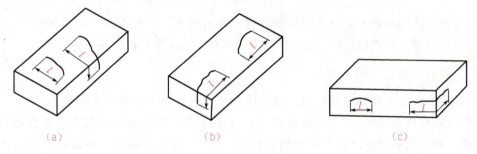

图7-2-3　裂纹长度量法

(a)宽度方向裂纹长度量法；(b)长度方向裂纹长度量法；(c)水平方向裂纹长度量法

多孔砖的孔洞与裂纹相通时，则将孔洞包括在裂纹内一并测量，如图7-2-4所示。

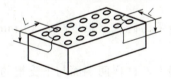

图7-2-4　多孔砖裂纹通过孔洞时的裂纹长度量法

（3）弯曲。弯曲分别在大面和条面上测量，测量时将砖用卡尺的两个支脚沿棱边两端放置，择其弯曲最大处将垂直尺推至砖面，如图7-2-5所示。但不应将因杂质或碰伤造成的凹处计算在内。

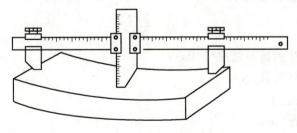

图7-2-5　砖的弯曲度量法

以弯曲测量中测得的较大者作为测量结果。

（4）砖杂质凸出高度。杂质在砖面上造成的凸出高度，以杂质距砖面的最大距离表示。测量时将砖用卡尺的两支脚置于杂质凸出部分两侧的砖平面上,以垂直尺测量,如图 7-2-6 所示。

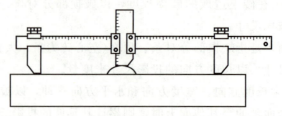

图 7-2-6　砖杂质凸出量法

(5)色差。装饰面朝上随机分为两排并列,在自然光下距离砖样 2 m 处目测。

(6)结果处理。外观测量以"mm"为单位,不足 1 mm 者均按 1 mm 计。

3. 砖的抗折强度测试方法

(1)试样准备。试样数量及处理:烧结砖和蒸压灰砂砖为 5 块,其他砖为 10 块。蒸压灰砂砖应放在温度为(20±5)℃的水中浸泡 24 h 后取出,用湿布拭去其表面水分进行抗折强度试验。粉煤灰砖和炉渣砖在养护结束后 24～36 h 内进行试验,烧结砖不需浸水及其他处理,直接进行试验。

(2)试验方法与步骤。

1)按尺寸测量的规定,测量试样的宽度和高度尺寸各两个。分别取其算术平均值(精确至 1 mm)。

2)调整抗折夹具下支辊的跨距为砖规格长度减去 40 mm。但规格长度为 190 mm 的砖样其跨距为 160 mm。

3)将试样大面平放在下支辊上,试样两端面与下支辊的距离应相同。当试样有裂缝或凹陷时,应使有裂缝或凹陷的大面朝下放置,以 50～150 N/s 的速度均匀加荷,直至试样断裂,记录最大破坏荷载 P。

4)结果计算与评定。

①每块多孔砖试样的抗折荷重以最大破坏荷载乘以换算系数计算(精确到 0.1 kN)。其他品种每块砖样的抗折强度 f_c 按式(7-2-1)计算,精确至 0.1 MPa。

$$f_c = \frac{3PL}{2bh^2} \tag{7-2-1}$$

式中　f_c——砖样试块的抗折强度(MPa);

　　　P——最大破坏荷载(N);

　　　L——跨距(mm);

　　　b——试样宽度(mm);

　　　h——试样高度(mm)。

②试验结果以试样抗折强度的算术平均值和单块最小值表示(精确至 0.1 MPa 或 0.1 kN)。

4. 砖的抗压强度测试方法

（1）试样数量及试件制备。

1）试样数量：烧结普通砖、烧结多孔砖和蒸压灰砂砖为5块，其他砖为10块（空心砖大面和条面抗压各5块）。非烧结砖也可用抗折强度测试后的试样作为抗压强度试样。

2）烧结普通砖的试件制备。

①将试样切断或锯成两个半截砖，断开后的半截砖长不得小于100 mm，如果不足100 mm，应另取备用试样补足，如图7-2-7所示。

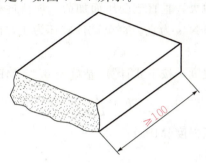

图 7-2-7 半截砖尺寸要求

②在试样制备平台上，将已断开的半截砖放入室温的净水中浸20～30 min后取出，并使断口以相反方向叠放，两者中间抹以厚度不超过5 mm的用42.5级普通硅酸盐水泥调制成稠度适宜的水泥净浆粘结，上下两面用厚度不超过3 mm的同种水泥浆抹平。制成的试件上、下两面须相互平行，并垂直于侧面，如图7-2-8所示。

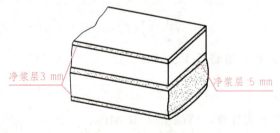

图 7-2-8 砖的抗压试件

3）多孔砖、空心砖的试件制备。

①多孔砖以单块整砖沿竖孔方向加压。空心砖以单块整砖沿大面和条面方向分别加压。

②试件制作采用坐浆法操作。即将玻璃板置于试件制备平台上，其上铺一张湿的垫纸，纸上铺一层厚度不超过5 mm的，用42.5级普通硅酸盐水泥制成的稠度适宜的水泥净浆，再将在水中浸泡20～30 min的试样平稳地将受压面坐放在水泥浆上，在另一受压面上稍加压力，使整个水泥层与砖的受压面相互粘结，砖的侧面应垂直于玻璃板。待水泥浆适当凝固后，连同玻璃板翻放在另一铺纸放浆的玻璃板上，再进行坐浆，其间用水平尺校正玻璃板的水平。

4)非烧结砖的试件制备。将同一块试样的两半截砖断口相反叠放,叠合部分不得小于 100 mm,即为抗压强度试件。如果不足 100 mm 时,则应剔除领取备用试样补足。

(2)试件养护。制成的抹面试件应置于温度不低于 10 ℃ 的不通风室内养护 3 d,再进行强度测试。

非烧结砖不需要养护,可直接进行测试。

(3)试验方法。测量每个试件连接面或受压面的长、宽尺寸各两个,分别取其平均值(精确至 1 mm)。

将试件平放在加压板的中央,垂直于受压面加荷,加荷过程应均匀平稳,不得发生冲击或振动,加荷速度以 2~6 kN/s 为宜。直至试件破坏为止,记录最大破坏荷载 P。

(4)数据处理。

1)计算每块试样的抗压强度,按下式计算(精确至 0.01 MPa):

$$F_i = \frac{P}{LB} \tag{7-2-2}$$

式中 F_i——单块试件的抗压强度(MPa);

P——最大破坏荷载(N);

L——试件受压面(连接面)的长度(mm);

B——试件受压面(连接面)的宽度(mm)。

2)试件平均抗压强度按下式计算,精确至 0.1 MPa。

$$\overline{F} = \frac{F_1+F_2+F_3+F_4+F_5+F_6+F_7+F_8+F_9+F_{10}}{LB} \tag{7-2-3}$$

3)抗压强度标准差按下式计算,精确至 0.01 MPa。

$$S = \sqrt{\frac{1}{9}\sum_{i=1}^{10}(F_i-\overline{F})^2} \tag{7-2-4}$$

4)变异系数按下式计算,精确至 0.01 MPa。

$$\delta = \frac{S}{\overline{F}} \tag{7-2-5}$$

5)强度标准值 f_K 按下式计算,精确至 0.01 MPa。

$$f_K = \overline{F} - 1.8S \tag{7-2-6}$$

(5)结果评定。

1)当 $\delta \leqslant 0.21$ 时,用平均值—标准值方法评定。

2)当 $\delta > 0.21$ 时或无变异系数 δ 要求时,用平均值—最小值方法评定。

3)算术平均值、标准值、单块最小值计算精确至 0.1 MPa。

▲【检测报告】

砌墙砖检测报告见表 7-2-2。

表 7-2-2　砌墙砖检测报告

共　页　第　页

工程名称					报告编号	
委托单位			委托编号		委托日期	
施工单位			样品编号		检验日期	
结构部位			出厂合格证编号		报告日期	
厂　别			检验性质		代表数量/万块	
设计强度等级		出厂日期	种类		规格/(mm×mm×mm)	
见证单位			见证人		证书编号	

检验项目		检 验 结 果		
强度指标	指标项目	平均值	标准值	最小值
	抗压强度/MPa			
	变异系数			
耐久性	抗冻(融)循环			
	泛霜			
	石灰爆裂			
尺寸偏差				
外观质量				

检验仪器	检验仪器：　　　　　　　　　检定证书编号：
检验依据	
检验结论	
备　注	

批准：　　　　　　审核：　　　　　　校核：　　　　　　检验：

项目七 墙体及屋面材料检测技术

7.2.3 任务小结

本次学习任务主要介绍砖的外观质量、强度测定方法、砖强度等级的评定等相关知识。如需更全面、深入学习砌墙砖检测方面的知识,可以查阅《砌墙砖试验方法》(GB/T 2542—2012);《烧结多孔砖和多孔砌块》(GB 13544—2011);《烧结普通砖》(GB 5101—2003);《烧结空心砖和空心砌块》(GB/T 13545—2014)等标准、规范和技术规程。

7.2.4 任务训练

1. 收集有关资料,制订检测方案,完成烧结多孔砖的抗压强度检测。
2. 收集有关资料,填写砌墙砖的抗压强度检测实训报告。

任务三 砌体材料的检测技术

7.3.1 任务目标

● 【知识目标】

1. 了解砌体的基本性质与应用。
2. 熟悉砌体的质量标准、技术要求与检测标准。
3. 掌握砌体检测的方法和步骤。

● 【能力目标】

1. 能够抽取砌块检测的试样。
2. 能够对砌体常规检测项目进行检测,精确读取检测数据。
3. 能够按规范要求对检测数据进行处理,并评定检测结果。
4. 能够填写规范的检测原始记录并出具规范的检测数据。

7.3.2 任务实施

▲【取样】

1. 尺寸测量和外观质量检查的取样

以用同一种原材料配成同强度等级的混凝土,用同一种工艺制成的同等级的1万块为一批,砌块数量不足1万块的亦可作为一批。由外观合格的样品中随机抽取5块作抗压强度检验。

2. 抗压强度检验取样制备

(1)试件数量为5个砌块。

(2)处理试件的坐浆面和铺浆面,使之成为互相平行的平面。将钢板置于稳固的底座上,平整面向上,用水平尺调至水平。在钢板上先薄薄地涂一层机油,或铺一层湿纸,然后平铺一层1:2的水泥砂浆(强度等级42.5级以上普通硅酸盐水泥;细砂,加入适量的水),将试件的坐浆面湿润后平稳地压入砂浆层内,使砂浆层尽可能均匀,厚度为3~5 mm。将多余的砂浆沿试件棱边刮掉,静置24 h以后,再按上述方法处理试件的铺浆面。为使两面能彼此平行,在处理铺浆面时,应将水平尺置于现已向上的坐浆面上调至水平。在温度10 ℃以上不通风的室内养护3 d后做抗压强度试验。

(3)为缩短时间,也可在坐浆面砂浆层处理后,不经静置立即在向上的铺浆面上铺一层砂浆,压上事先涂油的玻璃平板,边压边观察砂浆层,将气泡全部排除,并用水平尺调至水平,直至砂浆层平而均匀,厚度达3~5 mm。

3. 抗折强度检验取样制备

试件数量、尺寸测量及试件表面处理同抗压强度试验。表面处理后应将试件孔洞处的砂浆层打掉。

▲【检测设备】

1. 尺寸测量和外观质量检查的设备

量具:钢直尺或钢卷尺,分度值1 mm。

2. 抗压强度检验设备

(1)材料试验机:示值误差应不大于±1%,其量程选择应能使试件的预期破坏荷载落在满量程的20%~80%。

(2)钢板:厚度不小于10 mm,平面尺寸应大于440 mm×240 mm,钢板的一面需平整,精度要求在长度方向范围内的平面度不大于0.1 mm。

(3)玻璃平板：厚度不小于 6 mm，平面尺寸与钢板的要求相同。

(4)水平尺：有 10～250 cm 多个尺寸规格。可检测或测量水平和垂直度。

3. 抗折强度检验设备

(1)材料试验机的技术要求同抗压强度试验。

(2)钢棒：直径 35～40 mm，长度 210 mm，数量为 3 根。

(3)抗折支座：由安放在底板上的两根钢棒组成，其中至少有一根可以自由滚动。

【检测方法】

1. 尺寸测量和外观质量检查的方法

(1)试验步骤。

1)尺寸测量。

①长度在条面的中间，宽度在顶面的中间，高度在顶面的中间测量。每项在对应两面各测一次，精确至 1 mm。

②壁、肋厚在最小部位测量，每选两处各测一次，精确至 1 mm。

2)外观质量检查。

①弯曲测量：将直尺贴靠坐浆面、铺浆面和条面，测量直尺与试件之间的最大间距，精确至 1 mm。

②缺棱掉角检查：将直尺贴靠棱边，测量缺棱掉角在长、宽、高度 3 个方向的投影尺寸，精确至 1 mm。

3)裂纹检查。用钢直尺测量裂纹在所在面上的最大投影尺寸，如裂纹由一面延伸到另一面时，则累计其延伸的投影尺寸，精确至 1 mm。

(2)结果计算和数据处理。

1)试件的尺寸偏差以实际测量的长度、宽度和高度与规定尺寸的差值表示。

2)弯曲、缺棱掉角和裂纹长度的测量结果以最大测量值表示。

3)将结果记录在试验报告中。

2. 抗压强度试验方法

(1)试验步骤。

1)检查试件外观。

2)测量试件的尺寸，精确至 1 mm，并计算试件的受压面积(A_1)。

3)将试件放在材料试验机的下压板的中心位置，试件的受压方向应垂直于制品的发气方向。

4)开动试验机，当上压板与试件接近时，调整球座，使接触均衡。

5)以 (2.0±0.5) kN/s 的速度连续而均匀地加载，直至试件破坏，记录破坏荷载(p_1)。

6)将检验后的试件全部或部分立即称量质量,然后在(105±5)℃下烘至恒量,计算其含水率。

(2)结果计算。抗压强度按下式计算:

$$f_{cc}=\frac{p_1}{A_1} \tag{7-3-1}$$

式中 f_{cc}——试件的抗压强度(MPa);

p_1——破坏荷载(N);

A_1——试件受压面积(mm^2)。

(3)结果评定。抗压强度的试验结果,按 5 块试件试验值的算术平均值进行评定,精确至 0.1 MPa。

3. 抗折强度试验方法

(1)试验步骤。

1)检查试件外观。

2)在试件中部测量其宽度和高度,精确至 1 mm。

3)将试件放在抗弯支座辊轮上,支点间距为 300 mm。

4)开动试验机,当加压辊轮与试件快接近时,调整加压辊轮及支座辊轮,使接触均衡,其所有间距的尺寸偏差不应大于±1 mm。

5)以(2.0±0.05)kN/s 的速度连续而均匀地加荷,直至试件破坏,记录破坏荷载(p_1)及破坏位置。

6)将试验后的短半段试件立即称质量,然后在(105±5)℃下烘至恒量,计算其含水率。

(2)结果计算。抗折强度按下式计算:

$$f_i=\frac{pL}{bh^2} \tag{7-3-2}$$

式中 f_i——试件的抗折强度(MPa);

p——破坏荷载(N);

b——试件的宽度(mm);

h——试件的高度(mm);

L——支座间距即跨度(mm),精确至 1 mm。

(3)结果评定。抗折强度的试验结果,按 5 块试件试验值的算术平均值进行评定,精确至 0.1 MPa。

▲【检测报告】

蒸压加气混凝土砌块检测报告见表 7-3-1。

项目 七　墙体及屋面材料检测技术

表 7-3-1　蒸压加气混凝土砌块检测报告

委托单位：_____　　　报告编号：_____
工程名称：_____　　　送样日期：_____
工程部位：_____　　　报告日期：_____
检评依据：_____　见证人：_____　样品编号：_____

生产厂家	试件尺寸			强度级别/MPa	密度级别	
强度检验	单组强度平均值/MPa				三组强度平均值/MPa	
	第一组	第二组	第三组			
					最小强度/MPa	
干体积密度检验	每组干体积密度/(kg·m^{-3})				干体积密度平均值/(kg·m^{-3})	
	第一组	第二组	第三组			
干燥收缩检测(快速法)						
尺寸偏差检测(平均偏差)						
外观质量检测(不合格品数量)						
结论						
备注						

7.3.3　任务小结

本次学习任务主要了介绍混凝土砌块的尺寸、外观质量、强度测定方法、砖强度等级的评定等相关知识。如需更全面、深入学习砌墙砖检测方面的知识，可以查阅《混凝土砌块和砖试验方法》(GB/T 4111—2013)等标准、规范和技术规程。

7.3.4　任务训练

1. 收集有关资料，制订检测方案，完成混凝土小型砌块的抗压强度检测。
2. 收集有关资料，填写蒸压加气混凝土砌块的抗压强度检测实训报告。

任务四　轻质混凝土板材的检测技术

7.4.1　任务目标

● 【知识目标】

1. 了解轻质混凝土板材的基本性质与应用。
2. 熟悉轻质混凝土板材的质量标准、技术要求与检测标准。
3. 掌握轻质混凝土板材检测的方法、步骤。

● 【能力目标】

1. 能够抽取轻质混凝土板材检测的试样。
2. 能够对轻质混凝土板材常规检测项目进行检测，精确读取检测数据。
3. 能够对规范要求对检测数据进行处理，并评定检测结果。
4. 能够填写规范的检测原始记录并出具规范的检测数据。

7.4.2　任务实施

▲【取样】

1. 板的弯曲试验试件制备

板的弯曲试验试件为 1 个。

2. 防锈材料的防锈性能试件制备

防锈材料的防锈性能试件为 3 个。

（1）厚形板的防锈性能试件如图 7-4-1 所示，应在断面的约中央位置截取试件，里面需带一根板材长度方向的钢筋，试件尺寸为 40mm×40mm×160mm。在试验前用环氧树脂或其他涂料刷试件端部，使试件中钢筋端头完全封闭，避免端头锈蚀。

（2）薄形板的防锈性能试件如图 7-4-2 所示，将制品厚度作为试件厚度切下。

项目　七　墙体及屋面材料检测技术

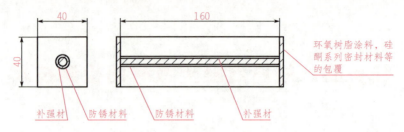

图 7-4-1　厚形板的防锈性能试件

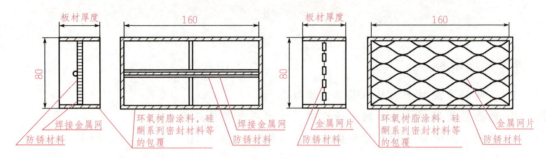

图 7-4-2　薄形板的防锈性能试件

3. 抗压强度试件制备

同蒸压加气混凝土砌块。

【检测设备】

1. 板的弯曲试验装置

线荷载试验装置，精度 50 N，如图 7-4-3 所示。

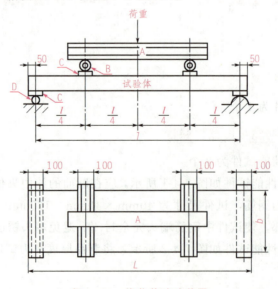

图 7-4-3　线荷载试验装置

2. 防锈材料的防锈性能检测设备

调温调湿箱,最高工作温度为 150 ℃,相对湿度为 95%～98%。

3. 抗压强度检测设备

同蒸压加气混凝土砌块。

【检测方法】

1. 板的弯曲试验

厚形板选用整块板切成 1 000 mm 长,使承载荷载的面朝上,加载时使跨度中央的挠曲速度为 0.05 mm/s 左右。利用跨度中央部的挠度测量结果,作荷载-挠度曲线,求得最初的回折点相对应的荷载即为弯曲裂纹荷载。挠度的测量,使用可测量至 0.05 mm 的位移仪器,加载量达到弯曲裂纹荷载下限制时的挠度,可通过荷载－挠度曲线求得。

2. 防锈材料的防锈性能检测

(1)将试件置于相对湿度为 95% 以上的环境中,从 (25 ± 5)℃ 的温度开始试验,至温度在 (55 ± 5)℃ 之间变化,按照 1 天 4 个周期的比例,一直持续 112 个周期。但是 (25 ± 5)℃ 及 (55 ± 5)℃ 温度时必须各保持 2 h 以上。另外,温度上升及下降所需时间各 1 h 以下,1 个周期的时间为 6 h。

(2)随后去掉试件的防锈层,厚形板试件从两端各去除 10 mm,薄形试件从四周端部分别除去 10 mm,对内侧部分进行观察,察看钢筋表面有无锈迹。

(3)发现锈迹时,垫上一张透明纸将生锈的部分临摹下来,求出其面积 $S(mm^2)$。薄形板试件,代替生锈面积的计算,也可在与试件裸露面相对应的钢筋面上,沿钢筋长度方向求取合计生锈长度 $l(mm)$。

(4)结果计算。

生锈面积按下式计算:

$$R_s = \frac{S}{S_o} \tag{7-4-1}$$

式中　R_s——生锈的面积比(%);
　　　S——合计生锈面积(mm^2);
　　　S_o——钢筋表面积的合计(mm^2)。

生锈长度比按下式计算:

$$R_l = \frac{l_s}{2L_s} \times 100 \tag{7-4-2}$$

式中　R_l——生锈的长度比(%);
　　　l_s——合计生锈长度(mm);
　　　L_s——单面钢筋的合计(mm)。

3. 抗压强度检测

抗压强度试件在质量含水率为 10%±2% 下进行试验。结果计算和评定同蒸压加气混凝土砌块。

▲【检测报告】

蒸压加气混凝土板检验报告见表 7-4-1。

表 7-4-1 蒸压加气混凝土板检验报告

委托单位					
样品名称		样品编号			
规格型号				等级	
工程名称				样品数量	
生产厂家				代表批量	
抽样方式				样品状态	
委托日期		检验日期		报告日期	
检验依据					
检验项目		产品标准		检验结果	单项结论
外观质量不合格数(块)		≤0			
尺寸偏差不合格数(块)		≤4			
钢筋保护层允许偏差/mm		距大面的保护层厚度：±5 mm 距端部的保护层厚度：−10 mm、+5 mm			
结构性能	承载能力检验	初裂荷载实测值≥2 500(N·m^{-2}) 破坏荷载实测值≥4 000(N·m^{-2}) （重要性系数取 1.0）			
	短期挠度检验	短期挠度≤2.3 mm			
检验结论					
说明					

批准：　　　　　　　　　审核：　　　　　　　　　主检：

7.4.3 任务小结

本次学习任务主要介绍轻质混凝土板材的弯曲试验、防锈材料的防锈性能、板的抗压强度等级的评定等相关知识。如需更全面、深入学习墙体板材检测方面的知识,可以查阅试验依据:《蒸压加气混凝土板》(GB 15762—2008);《轻量气泡混凝土板(ALC板)》(JIS A 5416:2007)等标准、规范和技术规程。

7.4.4 任务练习

1. 收集有关资料,制定检测方案,完成轻质混凝土板材的抗压强度检测。
2. 收集有关资料,填写轻质混凝土板材的抗压强度检测实训报告。

项目八 防水材料检测技术

任务一 常用防水材料的基本性能

8.1.1 任务目标

● 【知识目标】

掌握防水材料的分类及材质要求。

● 【能力目标】

能够熟练运用防水材料的各项技术性质、标准,进行检测。

【沥青】

沥青属于有机胶凝材料,它是由高分子碳氢化合物及其非金属(氧、氮、碳等)衍生物组成的极其复杂的混合物,在常温下呈固体、半固体或黏稠液体的形态。沥青具有以下特点:构造致密,具有良好的防水性;能抵抗一般酸、碱、盐类等侵蚀性液体和气体的侵蚀,具有较好的抗腐蚀性;与矿物材料表面有很好的黏结力;具有一定的塑性,能适应基材的变形。因此,在建筑工程上,沥青被广泛应用于防水、防潮、防腐工程及水工建筑与道路工程中。

沥青主要分为地沥青和焦油沥青,地沥青又分为天然沥青和石油沥青,焦油沥青分为煤沥青、木沥青、页岩沥青。

【石油沥青】

石油沥青是以原油为原料,经过炼油厂常压蒸馏、减压蒸馏等提炼后,提取汽油、煤油、柴油、重柴油、润滑油等产品后得到的渣油,通常这些渣油属于低牌号的慢凝液体沥青。

1. 石油沥青的组分

通常从使用角度出发，将沥青中按化学成分和物理力学性质相近的成分划分为若干个组，这些组就称为"组分"。石油沥青的组分及其主要物性如下：

(1)油分。油分为淡黄色至红褐色的油状液体，其分子量为 100～500，密度为 0.71～1.00 g/cm³。在石油沥青中，油分的含量为 40%～60%。油分赋予沥青以流动性。

(2)树脂。树脂又称脂胶，为黄色至黑褐色半固体黏稠物质，分子量为 600～1 000，密度为 1.0～1.1 g/cm³。中性树脂含量越多，石油沥青的延度和黏结力等性能越好。在石油沥青中，树脂的含量为 15%～30%，它使石油沥青具有良好的塑性和粘结性。

(3)地沥青质。地沥青质为深褐色至黑色固态无定形的超细颗粒固体粉末，分子量为 2 000～6 000，密度大于 1.0 g/cm³。地沥青质是决定石油沥青温度敏感性和粘性的重要组分。沥青中地沥青质含量在 10%～30%，其含量越多，则软化点越高，粘性越大，也越硬脆。

石油沥青中还含 2%～3% 的沥青碳和似碳物（黑色固体粉末），是石油沥青中分子量最大者，它会降低石油沥青的黏结力。石油沥青中还含有蜡，它会降低石油沥青的粘结性和塑性，同时对温度特别敏感（即温度稳定性差）。

石油沥青中的各组分是不稳定的。在阳光、空气、水等外界因素作用下，各组分之间会不断演变，油分、树脂会逐渐减少，地沥青质逐渐增多，这一演变过程称为沥青的老化。沥青老化后，其流动性、塑性变差，脆性增大，使沥青失去防水、防腐效能。

2. 石油沥青的结构

根据沥青中各组分的相对比例不同，胶体结构可分为溶胶型、凝胶型和溶凝胶型三种类型。

3. 石油沥青的技术性质

(1)粘滞性。指沥青在外力作用下抵抗变形或阻止塑性流动的能力。用粘度（液体沥青）和针入度（固体半固体）表示粘滞性。

(2)塑性。指沥青在外力作用下，产生变形而不破坏，当外力撤销，能保持所获得的变形的能力。用延度表示塑性。

(3)温度敏感性。指沥青的粘滞性和塑性随温度变化的性质。用软化点表示温度敏感性。

(4)大气稳定性（也称抗老化性）。指沥青长期在阳光、空气、温度等的综合作用下，性能稳定的程度。沥青在这些因素综合作用下，逐渐失去粘性、塑性，而变脆变硬的现象称为沥青的老化。沥青的大气稳定性用蒸发前后的减量值及针入度比来表示。大气稳定性的好坏，反映了沥青的使用寿命的长短。大气稳定性好的沥青，耐老化，使用寿命长。

(5)闪点与燃点。闪点（也称闪火点）指沥青加热产生的可燃气体与空气的混合物；在规定的条件下与火焰接触，初次产生蓝色闪光时的沥青温度。燃点（着火点）指沥青加热产生的可燃气体与空气的混合物，与火焰接触能维持燃烧 5 s 以上，此时沥青的温度就称为燃点。燃点是沥青可持续燃烧的最低温度，燃点温度比闪点温度高约 10 ℃。

沥青的针入度、软化点和延度是划分沥青牌号的主要依据,称为沥青的三大指标。

4. 石油沥青的分类、技术标准及选用

(1)石油沥青的分类与技术标准。石油沥青分道路石油沥青、建筑石油沥青、防水防潮石油沥青、普通石油沥青等四种。

道路石油沥青、建筑石油沥青和普通石油沥青均按针入度指标来划分牌号。在同一品种石油沥青材料中,牌号越小,沥青越硬;牌号越大,沥青越软,同时随着牌号增加,沥青的粘性减小(针入度增加),塑性增加(延度增大),温度敏感性增大(软化点降低)。

防水防潮石油沥青按针入度指标来划分牌号,它除保证针入度、软化点、溶解度、蒸发损失、闪点等指标外,特别增加了保证低温变形性能的脆点指标。

各品种石油沥青的技术标准见表8-1-1。

表 8-1-1 各品种石油沥青的技术标准

质量指标	道路石油沥青				建筑石油沥青			防水防潮石油沥青				普通石油沥青		
	200	180	140	100甲	100乙	60甲	60乙	30	10	3号	4号	5号	6号	75	65	55
针入度(25 ℃,100 g,1/10 mm)	201~300	161~200	121~160	91~120	81~120	51~80	41~80	25~40	10~25	25~45	20~40	20~40	30~50	75	65	55
延度(25 ℃),不小于/cm	—	100	100	90	60	70	40	3	1.5	—	—	—	—	2	1.5	1
软化点(环球法)/℃	30~45	35~45	38~48	42~52	42~55	45~55	45~55	≥70	≥95	≥85	≥90	≥100	≥95	≥60	≥80	≥100
针入度指标,不小于	—	—	—	—	—	—	—	—	—	3	4	5	6	—	—	—
溶解度(三氯乙烯、三氯甲烷或苯),不小于/%	99.0	99.0	99.0	99.0	99.0	99.0	99.0	99.5	99.5	98	98	95	92	98	98	98
蒸发损失(163 ℃,5 h),不大于/%	1	1	1	1	1	1	1	1	1	1	1	1	—	—	—
蒸发后针入度比,不小于/%	50	60	60	65	65	70	70	65	65	—	—	—	—	—	—	—
闪点(开口),不低于/℃	180	200	230	230	230	230	230	230	230	250	270	270	270	230	230	230
脆点,不高于/℃	—	—	—	—	—	—	—	报告	报告	−5	−10	−15	−20	—	—	—

(2)石油沥青的选用。道路石油沥青牌号主要用于道路路面或车间地面等工程,一般拌制成沥青混凝土、沥青拌合料或沥青砂浆等使用。道路石油沥青还可作密封材料、粘结剂及沥青涂料等。此时宜选用粘性较大和软化点较高的道路石油沥青,如60甲。

建筑石油沥青粘性较大，耐热性较好，但塑性较小，主要用作制造油毡、油纸、防水涂料和沥青胶。它们绝大部分用于屋面及地下防水、沟槽防水、防腐蚀及管道防腐等工程。

对于屋面防水工程，应注意防止过分软化。根据高温季节测试，沥青屋面达到的表面温度比当地最高气温高25 ℃～30 ℃，为避免夏季流淌，屋面用沥青材料的软化点应比当地气温下屋面可能达到的最高温度高20 ℃以上。例如某地区沥青屋面温度可达65 ℃，选用的沥青软化点应在85 ℃以上。但软化点也不宜选择过高，否则冬季低温易发生硬脆甚至开裂。

防水防潮石油沥青的温度稳定性较好，特别适用做油毡的涂覆材料及建筑屋面和地下防水的粘结材料。其中3号沥青温度敏感性一般，质地较软，用于一般温度下的室内及地下结构部分的防水；4号沥青温度敏感性较小，用于一般地区可行走的缓坡屋面防水；5号沥青温度敏感性小，用于一般地区暴露屋顶或气温较高地区的屋面防水；6号沥青温度敏感性最小，并且质地较软，除一般地区外，主要用于寒冷地区的屋面及其他防水防潮工程。

普通石油沥青含蜡较多，其一般含量大于5%，有的高达20%以上（称多蜡石油沥青），因而温度敏感性大，故在工程中不宜单独使用，只能与其他种类石油沥青掺配使用。

▲【煤沥青】

煤沥青是煤干馏得到的煤焦油，经再提炼加工得到的产品，也称煤焦油沥青或柏油。

1. 煤沥青的分类

煤沥青分为低温、中温、高温三大类。建筑中主要使用半固体的低温煤沥青。煤沥青和石油沥青相比，煤沥青密度较大，塑性较差，温度敏感性较大，在低温下易变脆硬、老化快，于矿质材料表面结合紧密，防腐能力强，有毒和臭味等。因此，煤沥青适用于地下防水工程及防腐工程中。

2. 煤沥青和石油沥青的鉴别方法

由于煤沥青和石油沥青相似，使用时必须加以区别，方法见表8-1-2。

表8-1-2　煤沥青和石油沥青的鉴别方法

鉴别方法	煤沥青	石油沥青
密度	>1.1（约为1.25）	接近1.0
锤击	音清脆，韧性差	音哑，富有弹性，韧性好
燃烧	烟呈黄色，有刺激味	烟无色，无刺激性臭味
溶液颜色	用30～50倍的汽油或煤油溶解后，将溶液滴于滤纸上，斑点分为内外两圈，呈内黑外棕或黄色	溶解方法同左，斑点完全均匀散开，呈棕色

▲【改性石油沥青】

通常石油加工厂生产的沥青一般只控制了耐热性（软化点），其他方面，如低温柔韧性、高温稳定性、黏结力、耐疲劳性等就很难达到要求。为此在发展各种高性能新型防水材料的同时，大量采用改性沥青生产防水制品。

1. 矿物填充料改性沥青

在沥青中加入一定数量的矿物填充料，可以提高沥青的粘性和耐热性，减小沥青的温度敏感性，同时也减少了沥青的耗用量，主要适用于生产沥青胶。

矿物填充料有粉状和纤维状两种，常用的有滑石粉、石灰石粉、硅藻土、石棉绒和云母粉等。

2. 橡胶改性沥青

橡胶和沥青有较好的混溶性，加入橡胶可使沥青高温变形性小，低温柔韧性好。常用橡胶有氯丁橡胶、丁基橡胶、再生橡胶。

3. 树脂改性沥青

用树脂改性沥青，可以改进沥青的耐寒性、耐热性、粘性和不透气性。常用的树脂有古马隆树脂、聚乙烯、聚丙烯、酚醛树脂及天然松香等。

4. 橡胶和树脂改性沥青

用橡胶和树脂改性沥青，使沥青同时具有橡胶和树脂的特性。且树脂比橡胶便宜，橡胶和树脂又有较好的混溶性，故效果较好。

▲【沥青防水制品】

沥青的使用方法很多，可以融化后热用，也可以加熔剂稀释或使其乳化后冷用，涂刷涂层，可以制成沥青胶用来粘贴防水卷材，也可以制成沥青防水制品及配置沥青混凝土。

1. 沥青防水卷材

沥青防水卷材可以分为有胎的浸渍卷材和无胎的辊压卷材。

(1)浸渍卷材。浸渍卷材是用原纸、玻璃纸、石棉布、麻布、合成纤维布等为胎，经浸渍沥青后所制得的卷状材料。其中纸胎沥青卷材最为常见。它包括石油沥青纸胎油毡（简称油毡）和石油沥青油纸（简称油纸）。

(2)辊压卷材。沥青再生橡胶油毡是一种常见的辊压卷材，它是采用再生橡胶、10号石油沥青和石灰石粉等填料，经混炼、压制而成的，具有抗拉强度大、弹性好、低温柔韧性好、不透水性及耐蚀性强等优点，适用于重要建筑物缝处防水。

2. 冷底子油与沥青胶

(1)冷底子油。冷底子油是用建筑石油沥青加入汽油、煤油、轻柴油；或者用软化点为50 ℃～70 ℃的煤沥青加入苯，融合而配制成的沥青溶液，可以在常温下涂刷，故称冷底子油。

冷底子油作用机理：涂刷在多孔材料表面→渗入材料孔隙→溶剂挥发→沥青形成沥青膜(牢固结合于基层表面，且具有憎水性)。配制时，常使用30%～40%的石油沥青和60%～70%的溶剂(汽油或煤油)，首先将沥青加热至180 ℃～200 ℃，脱水后冷却至130 ℃～140 ℃，并加入溶剂量的10%煤油，待温度降至约70 ℃时，再加入余下的溶剂(汽油)搅拌均匀为止。冷底子油最好是现用现配。若储藏时，应使用密闭容器，以防止溶剂挥发。

(2)沥青胶(也称玛琋脂)。沥青胶是在沥青中加入适量的矿质粉料或加入部分纤维状填料配置而成的材料，具有较好的粘性、耐热性和柔韧性，主要用于粘贴卷材、嵌缝、接头、补漏及做防水层的底层。沥青胶分为热用和冷用两种。热用即热沥青玛琋脂，是将70%～90%的沥青加热至180 ℃～200 ℃，使其脱水后，与10%～30%的干燥填料热拌混合均匀后，热用施工。冷沥青玛琋脂是40%～50%的沥青融化脱水后，缓慢加入25%～30%的溶剂，再掺入10%～30%的填料，混合拌匀制得，并在常温下使用。冷用沥青胶比热用沥青胶施工方便，涂层薄，节省沥青；但是耗费溶剂，成本高。根据使用要求沥青胶应具有良好的粘结性、耐热性和柔韧性，并以耐热度的大小划分为不同的标号。

3. 乳化沥青

乳化沥青是微小的(1～10 μm)沥青颗粒，均匀稳定地分散在水中的悬浮体，它是借助乳化剂作用，在机械强力搅拌下，将融化的沥青分散而制成的乳化沥青颗粒。

乳化沥青的特点是：

(1)可在常温下进行涂刷或喷涂；

(2)可以在较潮湿的基层上施工；

(3)具有无毒、无嗅、干燥较快的特点；

(4)不使用有机溶剂，费用较低，施工效率高。

将乳化沥青涂刷防水基层后，水分不断蒸发，沥青微粒不断靠近，逐渐撕破乳化剂膜层，沥青微粒凝聚成膜与基层粘结形成防水层。一般来说，基层越干燥，环境温度越高，空气流通，沥青微粒越小，乳化沥青的成膜速度越快。制作乳化沥青用的乳化剂有很多种，如石灰膏、动物胶、肥皂、洗衣粉、水玻璃、松香等。选用不同品种的乳化剂，就能得到不同品种的乳化沥青。乳化沥青在成膜后应具有一定耐热性、粘结性、韧性和防水等性能。

乳化沥青可以作为冷底子油用；可以用来粘贴卷材，构成多层防水层；也可以作为防潮、防水涂料以及拌制沥青混凝土、沥青砂浆铺设路面。

4. 沥青嵌缝油膏

沥青嵌缝油膏是以石油沥青为基料，掺入稀释剂、改性材料及填充料混合配制而成的冷用膏状材料，主要用于屋面、墙面沟、槽等处的防水层作为封缝材料。使用效果较好的有建筑防水沥青嵌缝油膏、马牌建筑油膏、聚氯乙烯胶泥等。

油膏按耐热度和低温柔性不同，分为701、702、703、801、802、803等六个标号，其技术性能应符合标准规定。

项目八 防水材料检测技术

▲【新型防水材料】

我国的建筑防水一直沿用石油沥青防水材料。由于沥青在低温下易脆裂,高温下易流淌,而且老化较快,因此出现一些工程质量问题,这对建筑物的使用功能和使用寿命产生了严重的影响。为了改变这种落后面貌,适应建筑现代化的需求,近年来我国已研制生产了一批新型防水材料。

1. 沥青基防水材料

为了改善沥青的性能,常用橡胶、树脂等对沥青改性。橡胶、树脂与沥青间有很好的互溶性,混溶后使沥青具有橡胶或树脂的很多优点,如高温变形小、低温柔韧好、黏结力强及不透水性等。

可用橡胶对沥青改性,使之成为橡胶沥青,常用的橡胶有氯丁橡胶、丁基橡胶及再生橡胶等。也可用树脂对沥青改性,使之成为树脂沥青,常用的树脂有古马隆树脂、聚乙烯、聚丙烯、聚醋酸乙烯酯等。将鱼油硫化后的硫化鱼油也是一种很好的沥青改性材料。改性后的沥青可制成卷材(如再生油毡)、沥青防水涂料及油膏等。

沥青基类的防水涂料可分为溶剂型涂料(即指汽油、煤油、甲苯等有机溶剂,将改性的沥青稀释而制得的涂料)和水乳型涂料(以水和乳化剂为稀释剂的涂料)。实际上,冷底子油、沥青胶(溶剂型)和乳化沥青(水乳型)都属于防水涂料。

溶剂型沥青防水涂料最常用的是再生橡胶沥青防水涂料,它是由再生橡胶、沥青和汽油为主要原料,经再生和研磨制浆后制得的,可直接涂于基层形成涂膜防水。此外,还有JC-1冷水胶料、氯丁-1防水涂料、鱼油改性沥青涂料等,均属此列。

水乳型沥青涂料是将改性材料经乳化后制成乳胶,石油沥青制成乳化沥青,再将二者按比例进行混溶而得。常见的水乳型沥青涂料有JC-2型冷胶料、水性石棉沥青防水涂料、弹性沥青防水涂料、氯丁胶乳沥青防水涂料等。

防水涂料常用冷法施工,经涂刷后在防水基层形成一层坚韧的防水膜层。

2. 橡胶基和树脂基防水材料

随着合成高分子材料的发展,以合成橡胶、树脂等为主体的高效能防水材料,得到了广泛的开发与应用。这类材料采用冷加工,铺设单层防水层,其效果远超过热施工的多层沥青油毡防水层。

我国当前生产的这类防水材料有防水卷材,如三元乙丙橡胶卷材、氯丁橡胶防水卷材、聚氯乙烯(PVC)防水卷材、氯化聚乙烯防水卷材等;防水涂料如氯丁橡胶-海帕仑涂料、低分子量丁基橡胶涂料、硅酮涂料及聚氨酯涂料等。

3. 粉状防水涂料

我国于20世纪80年代末成功研制出一种粉状的防水材料。它是以无机非金属为原料的粉末,其表面涂以强憎水性的有机高分子材料而成。由于采用了轻质的粉状颗粒构成防水层,因此又可以起到保温隔热的效果,称为防水隔热粉。施工时将防水隔热粉铺撒于找平层上,然后再加一层牛皮纸作为隔离层,最后在隔离层上面加细石混凝土作为防水粉的保护层。这样,不仅防止粉层的改变,同时也防止了防水隔热粉表面高分子材料的老化

任务一 常用防水材料的基本性能

变质。

这种粉状防水材料适用于平屋面的防水工程及地下工程等,具有良好的应变性能,能抗热胀冷缩、抗震动,防水性能不受基层裂缝的影响并且施工方便。

防水材料通常可分为刚性防水材料和柔性防水材料两种。以混凝土或砂浆外加剂的形式加入到混凝土或砂浆中,增强混凝土或砂浆的密实性,形成防水混凝土或防水砂浆的为刚性防水材料。柔性防水材料则有沥青基防水卷材(包括改性沥青防水卷材)、合成高分子防水卷材、防水涂料和密封材料。

常见防水材料的主要组成、特性与应用见表 8-1-3。

表 8-1-3 常见防水材料的主要组成、特性与应用

类型	品种	主要组成	主要特性	主要应用
刚性防水材料	防水砂浆	水泥、砂、防水剂(或减水剂、膨胀剂、合成树脂乳液等)、水	属于刚性防水材料。抗压强度为 20~30 MPa,抗渗性 0.2~0.5 MPa,寿命长(≥30~50 年)	屋面、工业与民用建筑地下防水工程。但不宜用于有变形的部位
	防水混凝土	水泥、砂、石、防水剂(或减水剂、引气剂、膨胀剂)、水	属于刚性防水材料。抗压强度为 20~40 MPa,抗渗性 0.4~3.0 MPa,寿命长(≥30~50 年)	屋面、蓄水池、地下工程、隧道等
防水卷材	纸胎石油沥青油毡	石油沥青、纸胎等	不透水性≥0.049~0.147 MPa,抗拉力 245~539 N,柔度 14 ℃~18 ℃时合格,寿命 3 年左右	地下、屋面等防水工程。片毡用于单层防水,粉毡可用于各层
	沥青再生橡胶防水卷材	石油沥青、再生废橡胶粉、石灰石粉	不透水性≥0.3 MPa,拉伸强度≥0.8 MPa,延伸率≥120%,柔度−20 ℃合格,寿命≥10 年	屋面、地下室等各种防水工程,特别适合寒冷地区或有较大变形的部位
	SBS改性沥青防水卷材	SBS、石油沥青、聚酯无纺布(或玻璃布)	聚酯胎:不透水性≥0.3 MPa,断裂伸长率≥15%~40%,柔度−25 ℃~−15 ℃合格,抗拉力≥400~800 N;玻纤胎:断裂伸长率≥3%,其余性能也低于或接近于聚酯胎。寿命≥10 年	屋面、地下室等各种防水工程,特别适合寒冷地区
	聚氯乙烯防水卷材	聚氯乙烯、煤焦油、增塑剂	不透水性≥0.2 MPa,低温抗弯性−20 ℃~−10 ℃合格,断裂伸长率≥120%~300%,拉伸强度≥2~15 MPa,寿命≥10~15 年	屋面、地下室等各种防水工程,特别适合有较大变形的部位等

续表

类型	品种	主要组成	主要特性	主要应用
防水涂料	沥青胶	石油沥青、矿物粉纤维状矿物材料	黏结力较高,耐热度为≥60 ℃~85 ℃,柔韧性:18 ℃合格	粘贴沥青油毡
	冷底子油	沥青、汽油等	常温下为液体,渗透力较高,与基层材料的黏结力较高	防水工程的最底层
	乳化石油沥青	石油沥青、水、乳化剂等	常温下为液体,渗透力较高,与基层材料的黏结力较高,可在潮湿基层上施工	替代冷底子油、粘贴玻璃布、拌制沥青砂浆或沥青混凝土
密封材料	建筑防水沥青嵌缝油膏	石油沥青、改性材料、稀释剂等	耐热度≥70 ℃~80 ℃,低温柔性-10 ℃~-30 ℃合格,耐候性较好	屋面、墙面、沟槽、小变形缝等的防水密封。重要工程不宜使用
密封材料	聚氨酯密封材料	聚氨酯预聚体、交联剂、增塑剂等	伸长率≥200%~400%,低温柔性-30 ℃~-40 ℃合格,抗疲劳性好,黏结力高,寿命≥20~30年	各类防水接缝。特别是受疲劳荷载作用或接缝变形大的部位,如建筑物、公路、桥梁等的伸缩缝
	有机硅增水剂(防水涂料)	有机硅等	渗透力强,固化后成为极薄的无色的膜层,憎水性强。寿命(室外喷涂)≥5~7年	喷涂于建筑材料的表面,起到防水防污等作用。也可用于配制防水砂浆或防水混凝土

任务二　防水卷材性能检测

8.2.1　任务目标

● 【知识目标】

掌握防水卷材的分类及相关的物理性能。

● 【能力目标】

能够对防水卷材的外观、厚度、拉伸性能、耐热性、低温柔性和不透水性进行试验操作。

8.2.2 任务实施

一、厚度测定

▲【取样】

现场抽样复验大于 1 000 卷抽 5 卷,每 500～1 000 卷抽 4 卷,100～499 卷抽 3 卷,100 卷以下抽 2 卷,先进行规格尺寸和外观质量检验,在外观质量检验合格的卷材中,任取一卷作物理性能检验。

1. 单项判定

(1)单位面积质量、面积、厚度及外观。抽取的 5 卷样品均符合标准规定时,判为单位面积质量、面积、厚度及外观合格。若其中有一项不符合规定,允许从该批产品中再随机抽取 5 卷样品,对不合格项进行复查。如全部达到标准规定,则判定为合格;否则,判该批产品不合格。

(2)材料性能。从单位面积质量、面积、厚度及外观合格的卷材中任取一卷进行材料性能试验。各项试验结果均符合国家标准规定,则判该批产品材料性能合格。若有一项指标不符合规定,允许在该批产品中再随机抽取 5 卷,从中任取一卷对不合格项进行单项复验。达到标准规定时,则判该批产品材料性能合格。

2. 总判定

试验结果符合全部要求时,则判该批产品合格。

3. 试件设备

从试样上沿卷材整个宽度方向裁取至少 100 mm 宽的一条试件。

▲【检测仪器】

厚度计(图 8-2-1),能测量厚度精度为 0.01 mm,测量面平整,直径 10 mm,施加在卷材表面的压力为 20 kPa。

▲【检测环境】

通常情况在常温下进行测量。有争议时,试验在(23+2)℃条件进行,并在该温度放置不少于 20 h。

▲【检测方法】

保证卷材和测量装置的测量面没有污染,在开始测量前检查测量装置的零点,在所有测量结束后再检查一次。在测量厚度时,测量装置应慢慢落下避免试件变形。最边的测量点应距卷材边缘 100 mm。

图 8-2-1 厚度计

▲【检测结果】

测量的 10 点厚度的平均值，修约 0.1 mm 表示。

二、拉伸性能检测

▲【取样】

整个拉伸试验应制备两组试件，一组纵向 5 个试件，一组横向 5 个试件。试件在试样上距边缘 100 mm 以上任意裁取，用模板，或用裁刀，矩形试件宽为 (50±0.5) mm，长为 (200 mm+2×夹持长度)，长度方向为试验方向。去除表面的非持久层。试件试验前在 (23±2)℃和相对湿度 30%～70% 的条件下至少放置 20 h。

▲【检测仪器】

(1)拉伸试验机(图 8-2-2)，有连续记录力和对应距离的装置，能按下面规定的速度均匀地移动夹具。拉伸试验机有足够的量程(至少 2 000 N)和夹具移动速度(100+10) mm/min，夹具宽度不小于 50 mm。拉伸试验机的夹具能随着试件拉力的增加而保持或增加夹具的夹持力，对于厚度不超过 3 mm 的产品能夹住试件使其在夹具中的滑移不超过 1 mm，更厚的产品不超过 2 mm。这种夹持方法不应在夹具内产生过早的破坏。为防止从夹具中的滑移超过极限值，允许用冷却的夹具，同时实际的试件伸长用引伸计测量。力值测量至少应符合《拉力、压力和万能试验机检定规程》(JJG 139—2014)的 2 级。

图 8-2-2 拉伸试验机

(2)烘箱，控温精度±2 ℃，恢复温度到工作温度的时间不超过 5 min。
(3)天平，精度 0.1 g。
(4)游标卡尺，精度±0.02 mm。
(5)透水仪，最大量程不小于 0.4 MPa，配套 7 孔盘各 3 个。
(6)低温箱(图 8-2-3)，可控温在+20 ℃～-40 ℃，精度 0.5 ℃。
(7)有盖子水箱。

(8)毛刷。
(9)中速定性滤纸。

图 8-2-3　低温箱

▲【检测环境】

试验在(23+2)℃条件进行。

▲【检测方法】

(1)将试件紧紧地夹在拉伸试验机的夹具中,注意试件长度方向的中线与试验机夹具中心在一条线上。夹具间距离为(200±2) mm,为防止试件从夹具中滑移应作标记。当用引伸计时,试验前应设置标距间距离为(180±2) mm。为防止试件产生任何松弛,推荐加载不超过 5 N 的力。

(2)试验在(23±2)℃进行,夹具移动的恒定速度为(100±10) mm/min。

(3)连续记录拉力和对应的夹具(或引伸计)间距离。

注意:拉伸试验机的夹具能随着试件拉力的增加而保持或增加夹具的夹持力,对于厚度不超过 3 mm 的产品能夹住试件使其在夹具中的滑移不超过 1 mm,更厚的产品不超过 2 mm。这种夹持方法不应在夹具内外产生过早的破坏。

▲【检测结果】

(1)记录得到的拉力和距离,或数据记录,最大的拉力和对应的由夹具(或引伸计)间距离与起始距离的百分率计算的延伸率。

(2)最大拉力单位为 N/50 mm,对应的延伸率用百分率表示,作为试件同一方向结果。

(3)分别记录每个方向 5 个试件的拉力值和延伸率,计算平均值。

(4)拉力的平均值修约到 5 N,延伸率的平均值修约到 1%。

同时对于复合增强的卷材在应力-应变图上有两个或更多的峰值,拉力和延伸率应记录两个最大值。

▲【检测报告】

防水材料(卷材)检测报告见表 8-2-1。

表 8-2-1　防水材料(卷材)检测报告

样品类别		产品名称		生产厂家	批号	厚度/mm
检评依据						
序号	检验项目		限量		检验结果	单项判定
1	厚度/mm	平均值				
		最小值				
2	拉力 /(N·50 mm^{-1})	纵向				
		横向				
3	无处理拉伸强度/MPa	纵向				
		横向				
4	无处理断裂伸长率/%	纵向				
		横向				
5	不透水性 (____MPa，____min)					
6	低温弯折性 (____℃，____min)					
7	耐热度 (____℃，____min)					
结　论						
备　注	委托单位地址：					

批准：　　　　　审核：　　　　　检验：

三、耐热性试验检测

▲【取样】

从试样裁取的试件，在规定温度(性能指标)分别垂直悬挂在烘箱中。在规定的时间后测量试件两面涂盖层相对于胎体的位移。平均位移超过 2.0 mm 为不合格。耐热性极限是通过在两个温度结果间插值测定。

▲【检测设备】

(1)鼓风烘箱(不提供新鲜空气)。

(2)热电偶，连接到外面的电子温度计，测量精度±1 ℃。

(3)悬挂装置(如夹子)，至少 100 mm 宽，能夹住试件的整个宽度在一条线，并被悬挂在试验区域，如图 8-2-4 所示。

(4)光学测量装置(如读数放大镜),刻度至少0.1 mm。

(5)金属圆插销的插入装置,内径约4 mm。

(6)画线装置,画直的标记线(图8-2-4)。

(7)墨水记号,线的宽度不超过0.5 mm,白色耐水墨水。

(8)硅纸。

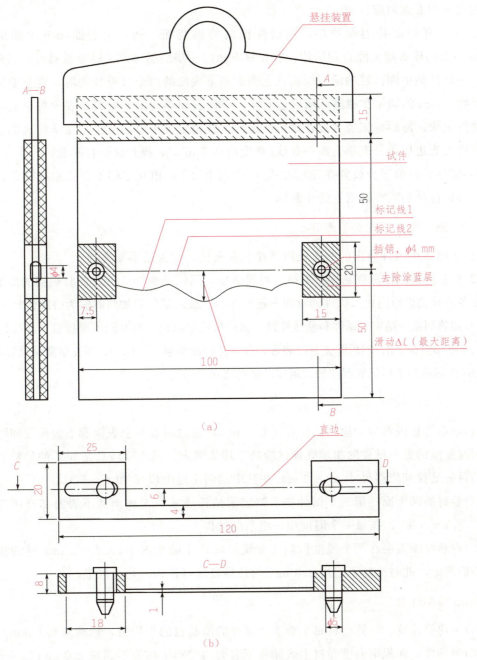

图8-2-4 试件悬挂装置和标记装置
(a)悬挂装置；(b)标记装置

🔺【检测方法】

🔹1. 试件制备

（1）矩形试件尺寸（115±1）mm×（100±1）mm，试件均匀地在试样宽度方向裁取，长边是卷材的纵向。试件应距卷材边缘 150 mm 以上，试件从卷材的一边开始连续编号，卷材上表面和下表面应标记。

（2）去除任何非持力保护层，在试件纵向的横断面一边，上表面和下表面的大约 15 mm 一条的涂盖层去除直到胎体，若卷材有超过一层的胎体，去除涂盖料直到另外一层胎体。在试件的中间区域的涂盖层也从上表面和下表面的两个接近处去除，直至胎体。两个内径约 4 mm 的插销在裸露区域穿过胎体。任何表面浮着的矿物料或表面材料通过轻轻敲打试件去除。然后标记装置放在试件两边插入插销定位于中心位置，在试件表面整个宽度方向沿着直边用记号笔垂直画一条线（宽度约 0.5 mm），操作时试件平放。

（3）试件试验前至少放置在（23±2）℃的平面上 2 h，相互之间不要接触或粘住，有必要时，将试件分别放在硅纸上防止粘结。

🔹2. 规定温度下耐热性测定

（1）一组 3 个试件露出的胎体处用悬挂装置夹住，涂盖层不要夹到。

（2）制备好的试件垂直悬挂在烘箱的相同高度，间隔至少 30 mm。此时烘箱的温度不能下降太多，开关烘箱门放入试件的时间不超过 30 s。放入试件后加热时间为（120±2）min。

（3）加热周期一结束，试件和悬挂装置一起从烘箱中取出，相互间不要接触，在（23±2）℃自由悬挂冷却至少 2 h。然后除去悬挂装置，在试件两面画第二个标记，用光学测量装置在每个试件的两面测量两个标记底部间最大距离，精确到 0.1 mm。

🔹3. 耐热性极限测定

（1）耐热性极限对应的涂盖层位移正好 2 mm，通过对卷材上表面和下表面在间隔 5 ℃ 的不同温度段的每个试件的初步处理试验的平均值测定，其温度段总是 5 ℃ 的倍数。这样试验的目的是找到位移尺寸 $\Delta L=2$ mm 在其中的两个温度段 T 和 $T+5$ ℃。

（2）卷材的两个面一组三个试件初步测定耐热性能后，上表面和下表面都要测定两个温度 T 和 $T+5$ ℃，在每一个温度用一组新的试件。

（3）在卷材涂盖层在两个温度段间完全流动将产生的情况下，$\Delta L=2$ mm 时的精确耐热性不能测定，此时滑动不超过 2.0 mm 的最高温度可作为耐热性极限。

🔹4. 结果计算

（1）平均值计算。计算卷材每个面 3 个试件的滑动值的平均值，精确到 0.1 mm。

（2）耐热性。在规定温度卷材上表面和下表面的滑动平均值不超过 2.0 mm 认为合格。

（3）耐热性极限。耐热性极限通过线性图或计算每个试件上表面和下表面的两个结果测定，每个面修约到 1 ℃。

▲【检测报告】

防水材料检测报告见表 8-2-1。

任务三　沥青性能检测

8.3.1　任务目标

● 【知识目标】

1. 掌握石油沥青粘滞性的判断方法，熟悉划分沥青牌号的主要指标。
2. 掌握沥青的塑性的意义。
3. 掌握石油沥青的温度敏感性的意义。

● 【能力目标】

1. 学会针入度的检测方法。
2. 学会测定石油沥青的延度的方法。
3. 学会测定石油沥青的软化点的方法。

8.3.2　任务实施

一、沥青针入度检测

▲【取样】

同一批出厂同一规格牌号的沥青以 20 t 为一个取样单位，不足 20 t 的也为一取样单位。取 2 kg 作为检验和留样用。

▲【检测设备】

针入度仪（图 8-3-1）、测针等。

▲【检测方法】

(1) 试验准备。

1) 将沥青在 120~180 ℃温度下脱水，脱水后的沥青试样放入金属皿，在砂浴上加热熔化，充分搅拌，搅拌至空气泡完全消失为止。

图 8-3-1　针入度仪

加热温度不得比试样估计的软化点高 100 ℃，加热时间不超过 30 min，筛去杂质。

2)将试样倒入规定大小的试样皿中，试样的倒入深度应大于预计针入深度 10 mm 以上。在 15 ℃～30 ℃的空气中静置，并防止落入灰尘。热沥青静置的时间为：采用大试样皿时为 1.5～2 h，采用小试样皿时为 1～1.5 h。

3)将静置到规定时间的试样皿浸入保持测试温度的水浴中。浸入时间为：小试样 1～1.5 h，大试样 1.5～2 h。恒温的水应控制在试验温度±0.1 ℃的变化范围内，在某些条件不具备的场合，可以允许将水温的波动范围控制在±0.5 ℃。

(2)调节针入度仪的水平，检查针连杆和导轨，以确认无水和其他外来物，无明显摩擦。用甲苯或其他合适的溶剂清洗针，用干净布将其擦干，把针插入针连杆中固紧，并放好砝码。

(3)到恒温时间后，取出试样皿，放入水温控制在试验温度的平底玻璃皿中的三角支架上，试样表面以上的水层高度应不小于 10 mm，将平底玻璃皿放于针入度计的平台上。

(4)慢慢放下针连杆，使针尖刚好与试样表面接触。必要时用放置在合适位置的光源反射来观察。拉下活杆，使其与针连杆顶端相接触，调节针入度刻度盘使指针指零。

(5)用手紧压按钮，同时启动秒表，使标准针自由下落穿入沥青试样中，到规定时间停压按钮，使标准针停止移动。

(6)拉下活杆与针连杆顶端接触，此时刻度盘指针的读数即为试样的针入度。

(7)同一试样重复测定至少 3 次，各测定点及测定点与试样皿边缘之间的距离不应小于 10 mm。每次测定前应将平底玻璃皿放入恒温水浴，每次测定换一根干净的针或取下针用甲苯或其他合适溶剂擦洗干净，再用干净布擦干。

(8)测定针入度大于 200 的沥青试样时，至少用 3 根针，每次测定后将针留在试样中，直至 3 次测定完成后，才能把针从试样中取出。

▲【检测报告】

沥青针入度检测报告见表 8-3-1。

表 8-3-1 沥青针入度检测报告

建设项目：				合同号：			
施工单位：				施工路段：			
取样名称：				取样地点：			
样品编号	试验温度 /℃	试验时间 /s	试验荷重 /g	针入度盘读数(0.1 mm)			
				第一次	第二次	第三次	平均值
				针入度	针入度	针入度	针入度
备注及评语							

试验： 计算： 复核： 监理工程师： 试验日期：

二、石油沥青的塑性检测

▲【取样】

同一批出厂同一规格牌号的沥青以 20 t 为一个取样单位,不足 20 t 的亦可作为一个取样单位。取 2 kg 作为检验和留样用。

▲【检测设备】

延度仪(图 8-3-2)等。

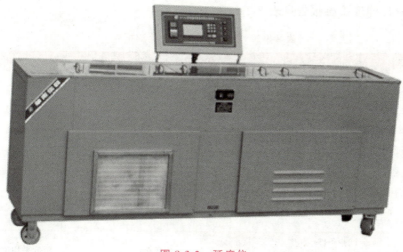

图 8-3-2　延度仪

▲【检测方法】

(1)试样准备。

1)将隔离剂拌和均匀,涂于磨光的金属板上及侧模的内侧面,并将试模在金属垫板上组装并卡紧。

2)将除去水分的沥青试样放在砂浴上加热至熔化,搅拌,加热温度不得高于预计石油沥青软化点 90 ℃;将熔化的沥青用筛过滤,并充分搅拌,注意搅拌过程中勿使气泡混入。然后将试样自试模的一端至另一端往返多次,将沥青缓缓注入模中,并略高出试模的模具平面。

3)将浇筑完成的试样放在 15 ℃～30 ℃的空气中冷却 30 min 后,放入温度为(25±0.5)℃的水浴中,保持 30 min 后取出。用热刀将高出模具部分的多余沥青刮去,使沥青试样表面与模具齐平。多余沥青刮除应自模具的中间刮至两边,表面应刮得平整光滑。刮毕将试件连金属板一并浸入(25±0.5)℃的水中并保持 85～95 min。

(2)检查延度仪滑板的拉伸速度是否符合要求,然后移动滑板使其指针正对着标尺的零点。保持水槽中的水温为(25±0.5)℃。将试样移至延度仪水槽中,将模具两端的孔分别套在滑板及槽端的金属柱上,水面距试样表面应不小于 25 mm,然后去掉侧模。

(3)试样拉断时指针所指标尺上的读数,即为试样的延度,以 cm 表示。在正常情况下,应将试样拉伸成锥尖状,在断裂时实际横断面面积接近于零。如不能得到上述结果,则应报告在此条件下无测定结果。

(4)结果处理:若三个试件测定值在其平均值的5%以内,取平行测定的三个结果的算术平均值作为沥青试样延度的测定结果。若三个试件测定值不在其平均值的±5%以内,但其中两个较高值在平均值的5%之内时,则应弃除最低测定值,取两个较高测定值的平均值作为测定结果。沥青延度测试两次测定结果之差,重复性不应超过平均值的10%,再现性不应超过平均值的20%。

▲【检测报告】

石油沥青延伸度检测报告见表8-3-2。

表8-3-2 石油沥青延伸度检测报告

工程名称				
委托单位				
监理单位				
沥青名称		试验日期		
沥青品牌		报告日期		
沥青产地		沥青用途		
检测项目		原始记录编号		
试验目的				
试验依据				
	试验条件		延度单值	延度平均值
温度	拉伸速度			
			cm	cm
检验结果				

三、石油沥青的温度敏感性检测

▲【取样】

同一批出厂同一规格牌号的沥青以20 t为一个取样单位,不足20 t的亦可作为一个取样单位。取2 kg作为检验和留样用。

▲【检测设备】

沥青软化点测定仪(图8-3-3)等。

▲【检测步骤】

(1)试样准备。

1)将选好的铜环置于涂有隔离剂的金属板或玻璃板上,将预先脱水的试样加热熔化,加热温度不得高于估计软化

图8-3-3 沥青软化点测定仪

点110 ℃，加热至倾倒温度的时间不得超过2 h。搅拌过筛后将熔化沥青注入铜环内至沥青略高于环面为止。如估计软化点在120 ℃～157 ℃之间，应将铜环与金属板预热至80 ℃～100 ℃。

2）将盛有试样的铜环及板置于盛满水的保温槽内恒温15 min，水温保持在(5±0.5)℃。同时，钢球也置于恒温的水中。

3）在烧杯内注入新煮沸并冷却至5 ℃的蒸馏水，使水面略低于连接杆上的深度标记。

（2）水从水保温槽中取出，盛有试样的黄铜环放置杂环架中承板的圆孔中，并套上钢球定位器，把整个环架放入烧杯内，调整水面至深度标记，环架上任何部分均不得有气泡。将温度计由上承板中心孔垂直插入，使温度计水银球底部与铜环下面齐平。

（3）将烧杯移放至有石棉网的三脚架上或电炉上，然后将钢球放在试样上立即加热，使烧杯内水在3 min后保持每分钟上升(5±0.5)℃，在整个测定过程中如温度的上升速度超出范围时，则试验应重做。

（4）试样受热软化，下坠至下承板面接触时的温度即为试样的软化点。

（5）结果处理：取平行测定的两个结果的算术平均值作为测定结果，精确至0.1 ℃，如果两个温度的差值超过1 ℃，则应重新进行试验。

▲【注意事项】
温度的准确控制。

▲【检测报告】
石油沥青的软化点检测报告见表8-3-3。

表8-3-3　石油沥青的软化点检测报告

工程名称：			合同编号：	
施工单位：		施工路段：		
取样名称：		取样地点：		
试验条件	气温/室温：		湿度：	
试验仪器				
样品编号	测定软化点		平均软化点	

试验人：　　　　　　　　　　　　试验日期：

项目九 门窗检测技术

建筑外窗是建筑物围护结构的一部分,同时也起到通风和采光的作用,对建筑物内部环境有着重要的影响。外窗工程是装饰装修的一个子分部工程,外窗产品也是国家工业产品生产许可证管理的项目之一。

按材料来分,目前市场上较为常见的是铝合金窗和塑料窗,还有彩钢板、木窗以及其他复合形式。

按开启方向来分,较为常见的是推拉窗和平开窗、固定窗以及组合形式,其他开启方式还有上悬、内倒等。

不管材料和开启方法如何不同,外窗物理性能的试验方法是一致的。外窗物理性能主要有气密性、水密性、抗风压性、保温性、隔热性、隔声性。《建筑装饰装修工程质量验收规范》(GB 50210—2001)规定:对建筑外墙金属窗、塑料窗的抗风压性能、空气渗透性能和雨水渗漏性能进行复验。目前建筑外窗的物理性能一般特指上述的三性。随着国家建设节约型社会和对节能建材的推广,保温和隔热性能将会越来越重要,而门窗的型材、门窗玻璃的使用直接影响门窗的物理性能。本章三节分别介绍门窗的基本性能、型材和玻璃的检测方法。

任务一 门窗的基本性能

9.1.1 任务目标

● 【知识目标】

1. 能对门窗正确现场取样和制备试样。
2. 能对门窗的基本性能项目进行检测,精确读取检测数。
3. 能够按规范要求对检测数据进行处理,评定检据。测结果,并规范填写给测报告。

● 【能力目标】

1. 了解门窗的基本性能。

2. 掌握门窗的技术要求。
3. 熟悉门窗的检测方法、步骤。

9.1.2 任务实施

▲【定义】

外窗：有一个面朝向室外的窗。

气密性能：外窗在关闭状态下具有阻止空气渗透的能力。

标准状态：标准状态条件为：温度 293 K(20 ℃)，压力 101.3 kPa，空气密度 1.202 kg/m³。

整窗空气渗透量：在标准状态下，单位时间通过整窗的空气量，单位为立方米每小时(m^3/h)。

开启缝长度：外窗开启扇周长的总和，以内表面测定值为准。如遇两扇相互搭接时，其搭接部分的两段缝长按一段计算。单位为米(m)。

单位缝长空气渗透量：在标准状态下，单位时间通过单位缝长的空气量，单位为立方米每米每小时($m^3/m·h$)。

窗面积：窗框外侧范围内的面积，不包括安装用附框的面积，单位为平方米(m^2)。

单位面积空气渗透量：在标准状态下，单位时间通过单位面积的空气量，单位为立方米每平方米每小时($m^3/m^2·h$)。

压力差：外窗室内外表面所受到的空气压力的差值。当室外表面空气压力大于室内表面时，压力差定为正值；反之定为负值。压力单位以帕(Pa)表示。

▲【检测依据与技术要求】

1. 检测依据

《建筑外门窗气密、水密、抗风压性能分级及检测方法》(GB/T 7106—2008)。
《铝合金门窗》(GB/T 8478—2008)。
《建筑装饰装修工程质量验收规范》(GB 50210)。
《建筑外门窗保温性能分级及检测方法》(GB/T 8484—2008)。

2. 分级指标

建筑外窗的三性通过分级进行评价，表 9-1-1～表 9-1-3 列出了三性的分级表。

表 9-1-1　建筑外门窗水密性能分级表

分级	1	2	3	4	5	6
分级指标 ΔP	100≤ΔP<150	150≤ΔP<250	250≤ΔP<350	350≤ΔP<500	500≤ΔP<700	ΔP≥700

注：第 6 级应在分级后同时注明具体检测压力差值。

表 9-1-2　建筑外门窗气密性能分级表　　　　　　　　　　　　　　　kPa

分级	1	2	3	4	5	6	7	8
单位缝长分级指标值 $q_1/[m^3/(m \cdot h)]$	$4.0 \geq q_1 > 3.5$	$3.5 \geq q_1 > 3.0$	$3.0 \geq q_1 > 2.5$	$2.5 \geq q_1 > 2.0$	$2.0 \geq q_1 > 1.5$	$1.5 \geq q_1 > 1.0$	$1.0 \geq q_1 > 0.5$	$q_1 \leq 0.5$
单位面积分级指标值 $q_2/[m^3/(m^2 \cdot h)]$	$12 \geq q_2 > 10.5$	$10.5 \geq q_2 > 9.0$	$9.0 \geq q_2 > 7.5$	$7.5 \geq q_2 > 6.0$	$6.0 \geq q_2 > 4.5$	$4.5 \geq q_2 > 3.0$	$3.0 \geq q_2 > 1.5$	$q_2 \leq 1.5$

表 9-1-3　建筑外门窗抗风压性能分级表

分级	1	2	3	4	5	6	7	8	9
分级指标值 p_3	$1.0 \leq p_3 < 1.5$	$1.5 \leq p_3 < 2.0$	$2.0 \leq p_3 < 2.5$	$2.5 \leq p_3 < 3.0$	$3.0 \leq p_3 < 3.5$	$3.5 \leq p_3 < 4.0$	$4.0 \leq p_3 < 4.5$	$4.5 \leq p_3 < 5.0$	$p_3 \geq 5.0$

注：第 9 级应在分级后同时注明具体检测压力差值。

▲【取样】

（1）顺序。试验顺序按气密性、水密性、抗风压性进行，先做正压，后做负压。

（2）试件要求。试件应为按提供图样生产的合格品，不得有附加的零配件和特殊组装工艺或改善措施，不得在开启部位打密封胶。

（3）试件安装。调整镶嵌框尺寸，并保证有足够的刚度。

用完好的塑料布覆盖试件的外侧面。

试件的外侧面朝向箱体，如需要，选用合适的垫木垫在静压箱底座上，垫木的厚度应使试件排水顺畅，高度应保证排水顺畅，安装好的试件要求垂直，下框要求水平，夹具应均匀分布，避免出现变形，建议安装附框，安装完毕后，应将试件开启部分开关 5 次，最后夹紧。

（4）录入基本参数。测量并记录试件品种、外形长、宽和厚，开启缝长、开启密封材料，受力杆长，玻璃品种、规格、最大尺寸、镶嵌方法、镶嵌材料，气压，环境温度，五金配件配制。

（5）设备检查。

▲【检测设备】

2002 年以后开发的室内和现场外窗检测设备的自动化程度较成熟，工作设备主要由动风压箱体构成，控制完全由计算机完成。除水密性需要人员实时监控外，其他都实现了自动采集与评判。

试验方法标准上没有对检测环境提出特殊要求，一般室温条件均可以。但对于塑料窗产品标准规定在检测前对于 PVC 塑料窗试件应在 18 ℃～28 ℃的条件下状态调节 16 h 以上，同时检测也要求在同样的环境条件下进行。所以建议检测室的温度控制在 18 ℃～28 ℃范围内。

【检测方法】

1. 气密性检测方法

(1) 预备加压。在正、负压检测前分别施加三个压力脉冲。压力差绝对值为 500 Pa，加载速度约为 100 Pa/s，压力稳定作用时间 3 s，泄压时间不少于 1 s。待压力差回零后，将试件上所有开启部分开关 5 次，最后关紧。

(2) 附加空气渗透量的测定。附加空气渗透量是指除通过试件本身的空气渗透量以外的通过设备和镶嵌框，以及部件之间连接缝等部位的空气渗透量。在试件开启部位密封的情况下选择程序记录 10、50、100、150、100、50、10 压力等级下的空气渗透量，如图 9-1-1 所示。

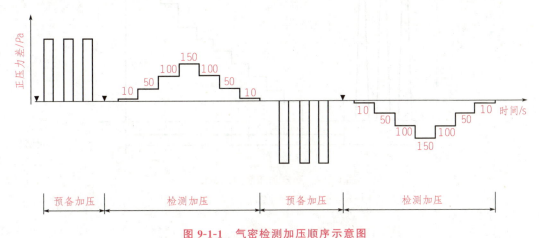

图 9-1-1 气密检测加压顺序示意图

注：图中符号▼表示将试件的可开启部分开关不少于 5 次。

(3) 总渗透量的测定。用刀片划开密封部位的塑料布，选择总渗透量的测定，程序同上 2.。

(4) 分级与计算。

监控系统根据记录下的正、负各压力级总渗透量和附加空气渗透量计算出每一试件在 100 Pa 时的空气渗透量的测定值 $\pm q_t$；换算成标准状态下的空气渗透量 $\pm q'$；除以开启缝长度得出单位开启缝长的空气渗透量 $\pm q_1'$；除以试件面积得出单位面积的空气渗透量 $\pm q_2'$；换算成 10 Pa 检测压力下的相应值 $\pm q_1$ 和 $\pm q_2$ 的计算公式分别见式(9-1-1)和(9-1-2)：

$$\pm q_1 = (\pm q_t \times 293 \cdot p)/(4.65 \times 101.3 \times T \times l) \quad (9\text{-}1\text{-}1)$$

$$\pm q_2 = (\pm q_t \times 293 \cdot p)/(4.65 \times 101.3 \times T \times A) \quad (9\text{-}1\text{-}2)$$

式中 p——试验室气压值(kPa)；

l——开启缝的总长度(m)；

A——窗户试件的面积(m^2)。

作为分级指标值，对照按缝长和按面积各自所属级别，最后取两者中的不利级别为所属等级，正压、负压分别定级。

2. 水密性检测方法

(1)加压顺序。测分为稳定加压法和波动加压法。检测加压顺序分别见表 9-1-4、表 9-1-5 和图 9-1-2。定级检测和工程所在地为非热带风暴和台风地区的工程检测,可采用稳定加压法;工程所在地为热带风暴和台风地区的工程检测,采用波动加压法。

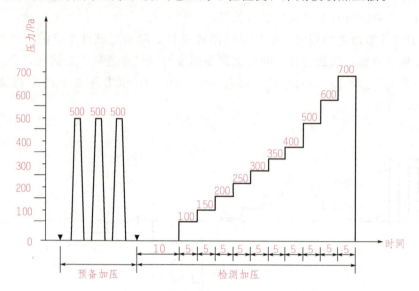

图 9-1-2　稳定加压顺序示意图

注:图中符号▼表示将试件的可开启部分开关 5 次。

表 9-1-4　稳定加压顺序表

加压顺序	1	2	3	4	5	6	7	8	9	10	11
检测压力/Pa	0	100	150	200	250	300	350	400	500	600	700
持续时间/min	10	5	5	5	5	5	5	5	5	5	5

(2)预备加压。在正、负压检测前分别施加 3 个压力脉冲。压力差绝对值为 500 Pa,加载速度约为 100 Pa/s,泄压时间不少于 1 s。待压力差回零后,将试件上所有可开启部分开关 5 次,最后关紧。

(3)操作步骤。

1)稳定加压法。按表 9-1-6 顺序加压,并按以下步骤操作。

淋水:对整个试件均匀地淋水,淋水量为 2 L/(m² · min)。

加压:在淋水的同时施加稳定压力。定级检测时,逐级加压至出现严重渗漏为止。工程检测时,直接加压至水密性能指标值,压力稳定作用时间为 15 min 或产生严重渗漏为止。

观察记录:在逐级加压及持续作用过程中,观察并参照表 9-1-5 记录渗漏状态及部位。

2)波动加压法。按表 9-1-5 顺序加压,并按以下步骤操作。

表 9-1-5　波动加压法顺序表

加压顺序		1	2	3	4	5	6	7	8	9	10	11
波动压力值/Pa	上限值	0	150	230	300	380	450	530	600	750	900	1050
	平均值	0	100	150	200	250	300	350	400	500	600	700
	下限值	0	50	70	100	120	150	170	200	250	300	350
波动周期/s		3～5										
每级加压时间/min		5										

①淋水：对整个试件均匀地淋水，淋水量为 3 L/(m² · min)。

②加压：在稳定淋水的同时施加波动压力。波动压力的大小用平均值表示，波幅为平均值的 0.5 倍。定级检测时，逐级加压至出现严重渗漏为止。工程检测时，直接加压至水密性能指标值，波动压力作用时间为 15 min 或产生严重渗漏为止。

③观察记录：在逐级加压及持续作用过程中，观察并参照表 9-1-6 记录渗漏状态及部位。

表 9-1-6　渗漏状态符号表

渗漏状态	符号
试件内侧出现水滴	○
水珠联成线，但未渗出试件界面	□
局部少量喷溅	△
持续喷溅出试件界面	▲
持续流出试件界面	●

注：1. 后两项为严重渗漏。
　　2. 稳定加压和波动加压检测结果均采用此表。

（4）检测值的确定。记录每个试件严重渗漏压力差值。以严重渗漏压力差值的前一级检测压力差值作为该试件水密性能检测值。如果工程水密性能指标值对应的压力差值作用下未发生渗漏，则此值作为该试件的检测值。

3 个试件水密性能检测值综合方法为：一般取 3 个检测值的算术平均值。如果 3 个检测值中最高值和中间值相差两个检测压力等级以上时，将最高值降至比中间值高两个检测压力等级后，再进行算术平均。如果 3 个检测值中较小的两值相等时，其中任意一值可视为中间值。

3. 抗风压性能检测方法

（1）抗风压检测加压顺序如图 9-1-3 所示。

（2）确定测点和安装位移计。将位移计安装在规定位置上。测点位置规定如下。

1）对于测试杆件：测点布置如图 9-1-4 所示。中间测点在测试杆件中点位置，两端测点在距该杆件端点向中点方向 10 mm 处。当试件的相对挠度最大的杆件难以判定时，也可选取两根或多根测试杆件（图 9-1-5）分别布点测量。

2)对于单扇固定扇:测点布置如图9-1-6所示。

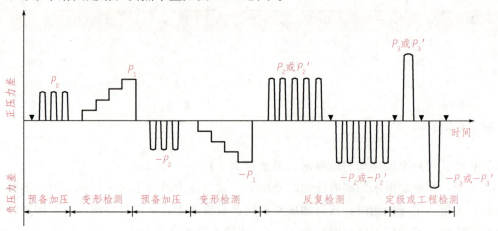

图9-1-3 抗风压性检测加压顺序示意图

注:图中符号▼表示将试件的可开启部分开关5次。

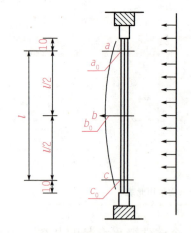

图9-1-4 测试杆件测点分布图

注:a_0、b_0、c_0——三测点初始读数值(mm);

a、b、c——三测点在压力差作用过程中的稳定读数值(mm);

l——测试杆件两端测点a、c之间的长度

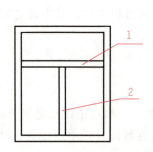

图9-1-5 多测试杆件分布图

注:1、2为测试杆件。

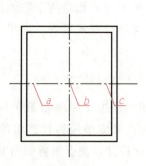

图9-1-6 单扇固定扇测点分布图

注:a、b、c为测点。

3)对于单扇平开窗(门):当采用单锁点时,测点布置如图 9-1-7 所示,取距锁点最远的窗(门)扇自由边(非铰链边)端点的角位移值 δ 为最大挠度值,当窗(门)扇上有受力杆件时应同时测量该杆件的最大相对挠度,取两者中的不利者作为抗风压性能检测结果;无受力杆件外开单扇平开窗(门)只进行负压检测,无受力杆件内开单扇平开窗(门)只进行正压检测;当采用多点锁时,按照单扇固定扇的方法进行检测。

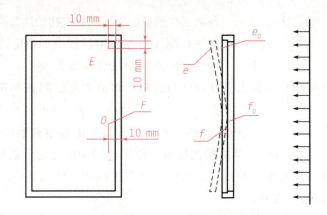

图 9-1-7 单扇单锁点平开窗(门)位移计布置图

注:1. e_0、f_0——测点初始读数值(mm);
2. e、f——测点在压力作用过程中的稳定读数值(mm)

(3)预备加压。在进行正、负变形检测前,分别提供 3 个压力脉冲,压力差绝对值为 500 Pa,加载速度约为 100 Pa/s,压力稳定作用时间为 3 s,泄压时间不少于 1 s。

(4)变形检测。

1)检测压力逐级升、降。每级升降压力差不超过 250 Pa,每级压力差稳定作用时间为 10 s。不同类型试件变形检测时对应的最大面法线挠度(角位移值)应符合表 9-1-7 的要求。检测压力绝对值最大不宜超过 2 000 Pa。

表 9-1-7 不同类型试件变形检测对应的最大面法线挠度(角位移值)

试件类型	主要构件(面板)允许挠度	变形检测时对应的最大面法线挠度(角位移值)
窗(门)面板为单层或夹层玻璃	±l/120	±l/300
窗(门)面板为中空玻璃	±l/180	±l/450
单扇固定扇	±l/60	±l/150
单扇单锁点平开窗(门)	20 mm	10 mm

2)记录每级压力差作用下的面法线挠度值(角位移值),利用压力差和变形之间的相对线性关系求出变形检测时最大面法线挠度的对应压力差值,作为变形检测压力差值,标以 ±P_1。

3)工程检测中,变形检测最大面法线挠度所对应的压力差值已超过 $P_3'/2.5$ 时,检测至 $P_3'/2.5$ 为止;对于单扇单锁点平开窗(门),当 10 mm 自由角位移值所对应的压力差值已超过 $P_3'/2.0$ 时,检测至 $P_3'/2.0$ 为止。

4)当检测中试件出现功能障碍或损坏时,以相应压力差值的前一级压力差分级指标值为 P_3。

(5)求取杆件或面板的面法线挠度可按下式计算:

$$B = (b - b_0) - \frac{(a - a_0) + (c - c_0)}{2} \quad (9\text{-}1\text{-}3)$$

式中　a_0、b_0、c_0——各测点在预备加压后的稳定初始读数值(b、b_0 为中间点的读数值)(mm)；

　　　a、b、c——某级检测压力差作用过程中的稳定读数值(mm)；

　　　B——杆件中间点的面法线挠度。

(6)单扇单锁点平开窗(门)的角位移值 δ 为 E 测点和 F 测点位移值之差，按下式计算：

$$\delta=(e-e_0)-(f-f_0) \qquad (9\text{-}1\text{-}4)$$

式中　e_0、f_0——测点 E 和 F 在预备加压后的稳定初始读数值(mm)；

　　　e、f——某级检测压力差作用过程中的稳定读数值(mm)。

(7)反复加压检测。定级检测和工程检测应按图 9-1-3 反复加压检测部分进行，并分别满足以下要求。

1)定级检测时，检测压力从零升到 P_2 后降至零，$P_2=1.5P_1$，且不宜超过 3 000 Pa，反复 5 次。再由零降至 $-P_2$ 后升至零，$-P_2=1.5(-P_1)$，且不宜超过 $-3 000$ Pa，反复 5 次。

2)工程检测时，当工程设计值小于 2.5 倍 P_1 时以 0.6 倍工程设计值进行反复加压检测。

反复加压后，记录试验过程中发生损坏(指玻璃破裂、五金件损坏、窗扇掉落或被打开以及可以观察到的不可恢复的变形等现象)和功能障碍(指外窗的启闭功能发生障碍、胶条脱落等现象)的部位。

(8)定级检测或工程检测。

1)定级检测时，使检测压力从零升至 P_3 后降至零，$P_3=2.5P_1$，对于单扇单锁点平开窗(门)，$P_3=2P_1$；再降至 $-P_3$ 后升至零，$-P_3=2.5(-P_1)$，对于单扇单锁点平开窗(门)，$-P_3=2(-P_1)$。正、负加压后各将试件可开关部分开关 5 次，最后关紧。试验过程中发生损坏和功能障碍时，记录发生损坏和功能障碍的部位，并记录试件破坏时的压力差值。

2)工程检测时，当工程设计值 P'_3 小于或等于 $2.5P_1$(对于单扇单锁点平开窗或门，P'_3 小于或等于 $2.0P_1$)时，才按工程检测进行。压力加至工程设计值 P'_3 后降至零，再降至 $-P'_3$ 后升至零。试验过程中发生损坏和功能障碍时，记录发生损坏和功能障碍的部位，并记录试件破坏时的压力差值。当工程设计值 P'_3 大于 $2.5P_1$(对于单扇单锁点平开窗或门，P'_3 大于 $2.0P_1$)时，以定级检测取代工程检测。

(9)检测结果的评定。

1)变形检测的评定。以试件杆件或面板达到变形检测最大面法线挠度时对应的压力差值为 $\pm P_1$；对于单扇单锁点平开窗(门)，以角位移值为 10 mm 时对应的压力差值为 $\pm P_1$。

2)反复加压检测的评定。如果经检测，试件未出现功能障碍和损坏，注明 $\pm P_2$ 值或 $\pm P'_2$ 值。如果经检测试件出现功能障碍和损坏，记录出现的功能障碍、损坏情况及其发生部位，并以试件出现功能障碍或损坏时压力差值的前一级压力差分级指标值定级。工程检测时，如果出现功能障碍或损坏时的压力差值低于或等于工程设计值时，该外窗判为不满足工程设计要求。

3)定级检测的评定。试件经检测未出现功能障碍或损坏时，注明 $\pm P_3$ 值，按 $\pm P_3$ 中绝对值较小者定级。如果经检测，试件出现功能障碍和损坏，记录出现的功能障碍或损坏的情况及其发生的部位,并以试件出现功能障碍或损坏所对应的压力差值的前一级分级指标值进行定级。

4)工程检测的评定。试件未出现功能障碍或损坏时,注明$\pm P'_{值}$,并与工程的风荷载标准值W_k相比较,大于或等于W_k时可判定为满足工程设计要求。否则判为不满足工程设计要求。

工程的风荷载标准值W_k的确定方法见《建筑结构荷载规范》(GB 50009—2012)。

5)3个试件综合评定。定级检测时,以3个试件定级值的最小值为该组试件的定级值。工程检测时,3个试件必须全部满足工程设计要求。

4. 建筑外窗保温性能检测方法

(1)原理。《建筑外门窗保温性能分级及检测方法》(GB/T 8484—2008)基于稳定传热原理,采用标定热箱法检测窗户保温性能。试件一侧为热箱,模拟采暖建筑冬季室内气候条件,另一侧为冷箱,模拟冬季室外气候条件。在对试件缝隙进行密封处理,试件两侧各自保持稳定的空气温度、气流速度和热辐射条件下,测量热箱中电暖器的发热量,减去通过热箱外壁和试件框的热损失(两者均由标定试验确定,见附录A),除以试件面积与两侧空气温差的乘积,即可计算出试件的传热系数K值。

(2)检测装置。检测装置主要由热箱、冷箱、试件框、控湿系统和环境空间5部分组成,如图9-1-8所示。

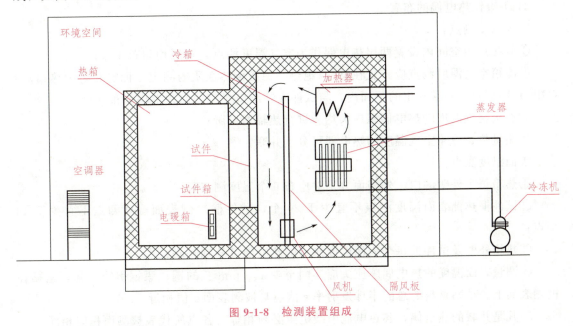

图9-1-8 检测装置组成

1)热箱要求。热箱开口尺寸不宜小于2 100 mm×2 400 mm(宽×高),进深不宜小于2 000 mm。热箱外壁构造应是热均匀体,其热阻值不得小于3.5 $m^3 \cdot K/W$。热箱内表面的总的半球发射率ε值应大于0.85。

2)冷箱要求。冷箱开口尺寸应与试件框外边缘尺寸相同,进深以能容纳制冷、加热及气流组织设备为宜。冷箱外壁应采用不透气的保温材料,其热阻值不得小于3.5 $m^2 \cdot K/W$,内表面应采用不吸水、耐腐蚀的材料。冷箱通过安装在冷箱内的蒸发器或引入冷空气进行降温。利用隔风板和风机进行强迫对流，形成沿试件表面自上而下的均匀气流，隔风板与试件框冷侧表面距离宜能调节。隔风板宜采用热阻不小于 1.0 $m^2 \cdot K/W$ 的板材，隔风板面向试件的表面，其总的半球发射率 ε 值应大于 0.85。隔风板的宽度与冷箱内净宽度相同。蒸发器下部应设置排水孔或盛水盘。

3）试件框。试件框外缘尺寸应不小于热箱开口部处的内缘尺寸。试件框应采用不透气、构造均匀的保温材料，热阻值不得小于 7.0 $m^2 \cdot K/W$，其容量应为 20 kg/m^2 左右。安装试件的洞口尺寸不应小于 1 500 mm×1 500 mm。洞口下部应留有不小于 600 mm 高的平台。平台及洞口周边应采用不吸水、导热系数小于 0.25 $W/(m^2 \cdot K)$ 的材料。

4）环境空间。检测装置应放在装有空调器的试验室内，保证热箱外壁内、外表面面积加权平均温差小于 1.0 K。试验室空气温度波动不应大于 0.5 K。试验室围护结构应有良好的保温性能和热稳定性。应避免太阳光通过窗户进入室内，试验室内表面应进行绝热处理。热箱外壁与周边壁面之间至少应留有 500 mm 的空间。

(3) 感温元件的布置。

1）感温元件。感温元件采用铜-康铜热电偶，测量不确定度应小于 0.25 K。铜-康铜热电偶必须使用同批生产、丝径为 0.2～0.4 mm 的铜丝和康铜丝制作。铜丝和康铜丝应有绝缘包皮。铜-康铜热电偶感应头应作绝缘处理。铜-康铜热电偶应定期进行校验（见附录 B）。

2）铜-康铜热电偶的布置。

空气温度测点：

①应在热箱空间内设置两层热电偶作为空气温度测点，每层均匀布 4 点；

②冷箱空气温度测点应布置在符合《绝热 稳态传热性质的测定 标定和防护热箱法》(GB/T 13475—2008)规定的平面内，与试件安装洞口对应的面积上均匀布 9 点；

③测量空气温度的热电偶感应头均应进行热辐射屏蔽；

④测量热、冷箱空气温度的热电偶可分别并联。

表面温度测点：

①热箱每个外壁的内、外表面分别对应布 6 个温度测点；

②试件框热侧表面温度测点不宜少于 20 个，试件框冷侧表面温度测点不宜少于 14 个点；

③热箱外壁及试件框每个表面温度测点的热电偶可分别并联；

④测量表面温度的热电偶感应头应连同至少 100 mm 长的铜、康铜引线一起，紧贴在被测表面上。粘贴材料的总的半球发射率 ε 值应与被测表面 ε 值相近。

3）凡是并联的热电偶，各热电偶引线电阻必须相等。各点所代表被测面积应相同。

(4) 热箱加热装置。热箱采用交流稳压电源供电暖气加热。平台板至少应高于电暖气顶部 50 mm。计量加热功率 Q 的功率表的准确度等级不得低于 0.5 级，且应根据被测值大小转换量程，使仪表示值处于满量程的 70% 以上。

(5) 风速。冷箱风速可用热球风速仪测量，测点位置与冷箱空气温度测点位置相同。不必每次试验都测定冷箱风速。当风机型号、安装位置、数量及隔风板位置发生变化时，应重新进行测量。

(6)试件安装。被检试件为一件。试件的尺寸及构造应符合产品设计和组装要求，不得附加任何多余配件或特殊组装工艺。试件安装位置：单层窗及双层窗外窗的外表面应位于距试件冷侧表面50 mm处；双层窗内窗的内表面距试件框热侧表面不应小于50 mm，两窗间距应与标定一致。

试件与试件洞口周边之间的缝隙宜用聚苯乙烯泡沫塑料条填塞，并密封。试件开启缝应采用塑料胶带双面密封。当试件面积小于试件洞口面积时，应用与试件厚度相近，已知导热率Λ值的聚苯乙烯泡沫塑料板填堵。在聚苯乙烯泡沫塑料板两侧表面粘贴适量的铜-康铜热电偶，测量两表面的平均温差，计算通过该板的热损失。在试件热侧表面适当布置一些热电偶。

(7)检测条件。热箱空气温度设定范围为19 ℃～21 ℃，温度波动幅度不应大于0.2 K。热箱空气为自然对流，其相对湿度宜控制在30%左右。冷箱空气温度设定范围为−21 ℃～−19 ℃，温度波动幅度不应大于0.3 K。《建筑热工设计分区》中的夏热冬冷地区、夏热冬暖地区及温和地区，冷箱空气温度可设定为−11 ℃～−9 ℃，温度波动幅度不应大于0.2 K。与试件冷侧表面距离符合《绝热　稳态传热性质的测定　标定和防护热箱法》(GB/T 13475—2008)规定平面内的平均风速为3.0±0.2 m/s(注：气流速度是指在设定值附近的某一稳定值)。

(8)检测程序。检查热电偶是否完好。启动检测装置，设定冷、热箱和环境空气温度。当冷、热箱和环境空气温度达到设定值后，监控各控温点温度，使冷、热箱和环境空气温度维持稳定。4 h后，如果逐时测量得到热箱和冷箱的空气平均温度 t_h 和 t_c 每小时变化的绝对值分别不大于0.1 ℃和0.3 ℃；温差 $\Delta\theta_1$ 和 $\Delta\theta_2$ 每小时变化的绝对值分别不大于0.1 K和0.3 K，且上述温度和温差的变化不是单向变化，则表示传热过程已经稳定。

传热过程稳定之后，每隔30 min测量一次参数 t_h、t_c、$\Delta\theta_1$、$\Delta\theta_2$、$\Delta\theta_3$、Q，共测六次。测量结束之后，记录热箱空气相对湿度，试件热侧表面及玻璃夹层结露、结霜状况。

(9)数据处理。各参数取6次测量的平均值。试件传热系数 K 值[W/(m²·K)]按下式计算：

$$K=\frac{Q-M_1\cdot\Delta\theta_1-M_2\cdot\Delta\theta_2-S\cdot\Lambda\cdot\Delta\theta_3}{A\cdot\Delta t} \tag{9-1-5}$$

式中　Q——电暖气加热功率(W)；

M_1——由标定试验确定的热箱外壁热流系数(W/K)(见附录A)；

M_2——由标定试验确定的试件框热流系数(W/K)(见附录A)；

$\Delta\theta_1$——热箱外壁内、外表面面积加权平均温度之差(K)；

$\Delta\theta_2$——试件框热侧冷侧表面面积加权平均温度之差(K)；

S——填充板的面积(m²)；

Λ——填充板的热导率[W/(m²·K)]；

$\Delta\theta_3$——填充板两表面的平均温差(K)；

A——试件面积(m²)；按试件外缘尺寸计算，如试件为采光罩，其面积按采光罩水平投影面积计算；

Δt——热箱空气平均温度与冷箱空气平均温度之差(K)。

$\Delta \theta_1$、$\Delta \theta_2$ 的计算见附录 C。如果试件面积小于试件洞口面积时,式(9-1-5)中分子项为聚苯乙烯泡沫塑料填充板的热损失。

试件传热系数 K 值取两位有效数字。

(10)外窗保温性能分级。外窗保温性能分级见表 9-1-8。

表 9-1-8　外窗保温性能分级　　　　　　　　　　　W/(m²·K)

分级	1	2	3	4	5
分级指标准	$K \geqslant 5.0$	$5.0 > K \geqslant 4.0$	$4.0 > K \geqslant 3.5$	$3.5 > K \geqslant 3.0$	$3.0 > K \geqslant 2.5$
分级	6	7	8	9	10
分级指标准	$2.5 > K \geqslant 2.0$	$2.0 > K \geqslant 1.6$	$1.6 > K \geqslant 1.3$	$1.3 > K \geqslant 1.1$	$K < 1.1$

▲【检测报告】

门窗物理三性检测报告见表 9-1-9。

表 9-1-9　门窗物理三性检测报告

第 1 页 共 1 页

委托单位:　　　　　　　　　　　　　　　　　　　　统一编号:

工程名称及使用部位		委托日期	
试样名称		报告日期	
规格型号		检验类别	
生产厂家		代表批量	
设计要求		检测种类	
见证单位		见证人	

序号	检验项目	标准要求	实测结果	单项结论
1	水密性能/Pa	$350 \leqslant \Delta P \leqslant 450$		
2	气密性能 $q_1 [m^3/(m \cdot h)]$	正压 $1.5 \geqslant q_1 > 1.0$		
3	气密性能 $q_2 [m^3/(m^2 \cdot h)]$	负压 $1.5 \geqslant q_1 > 1.0$		
4	抗风压性, P_3/kPa	$3.5 \leqslant P_3 \leqslant 4.0$		

依据标准:《建筑外门窗气密、水密、抗风压性能分级及检测方法》(GB/T 7106—2008)

检验结论:依据《建筑外门窗气密、水密、抗风压性能分级及检测方法》(GB/T 7106—2008)的规定,该样品经检验满足设计要求。

备注:
　　1. 样品状态:装配完好,清洁,干燥
　　2. 试验温度:25.3 ℃
　　3. 试验设备:门窗物理性能监测仪 IMMCS
　　委托人:　　　　　　　　　　　　　　　　　抽样人:

检验单位:　　　　批准:　　　　审核:　　　　　　　　检验:

任务二　铝合金塑料型材检测

9.2.1　任务目标

●【知识目标】

1. 了解铝合金塑料型材的基本性能。
2. 掌握铝合金塑料型材的技术要求、检测标准与规范。
3. 熟悉铝合金塑料型材的取样和试样制备。
4. 熟悉普通铝合金塑料型材的检测方法和步骤。

●【能力目标】

1. 能对铝合金塑料型材进行正确现场取样和制备试样。
2. 能对铝合金塑料型材常规检测项目进行检测，精确读取检测数据。
3. 能够按规范要求对检测数据进行处理，评定检测结果，并规范填写检测报告。

9.2.2　任务实施

▲【取样】

1. 铝合金建筑型材试样制备与要求

（1）试样制备。
1）每批取 2 根，表面膜厚的取样规定及结果判定见表 9-2-1。
2）试样长（500±5）mm，一个保留表面涂层或氧化膜，另一个去掉表面涂抹或氧化膜。

表 9-2-1　取样规定与结果判定

批量范围	随机取样数	不合格品数上限
1~10	全部	0
11~200	10	1
201~300	15	1
301~500	20	2

续表

批量范围	随机取样数	不合格品数上限
501~800	30	3
800 以上	40	4

(2)技术要求。

1)《铝合金建筑型材 第1部分：基材》(GB 5237.1—2008)规定：除压条、压盖、扣板等需要弹性装配的型材之外，型材最小公称壁厚应不小于1.20 mm(注意：此条款为强制性条款)。

2)阳极氧化膜平均膜厚、局部膜厚应符合表9-2-2的规定。

表9-2-2 氧化膜厚度要求表

膜厚级别	平均膜厚/μm，不小于	局部膜厚/μm，不小于
AA10	10	8
AA15	15	12
AA20	20	16
AA25	25	20

《铝合金门窗》(GB/T 8478—2008)规定：阳极氧化、阳极氧化加电解着色、阳极氧化加有机着色，膜厚级别不应低于AA15。

3)电泳涂漆型材膜厚应符合表9-2-3的规定。表9-2-3中的复合膜局部膜厚指标为强制性要求。

表9-2-3 电泳涂漆型材膜厚

| 膜厚级别 | 膜厚/μm | | |
	阳极氧化膜局部膜厚	漆膜局部膜厚	复合膜局部膜厚
A	≥9	≥12	≥21
B	≥9	≥7	≥16
C	≥6	≥15	≥21

4)粉末喷涂型材装饰面上涂层最小局部厚度 ≥40 μm。

注：由于挤压型材横截面形状的复杂性，致使型材某些表面(如内角、横沟等)的涂层厚度低于规定值是允许的。

5)氟碳漆喷涂型材装饰面上的漆膜厚度应符合表9-2-4的规定。

表 9-2-4　氟碳漆喷涂型材漆膜厚度

涂层种类	平均膜厚/μm	最小局部膜厚/μm
二涂	≥30	≥25
三涂	≥40	≥34
四涂	≥65	≥55

注：由于挤压型材横截面形状的复杂性，在型材某些表面（如内角、横沟等）的漆膜厚度允许低于表 9-2-4 的规定值，但不允许出现露底现象。

2. 铝合金隔热型材试样制备

(1)每批取 2 根，每根于中部和两端各取 5 个试样，共 10 个试样，做好标识。

(2)试样长(100±2) mm，拉伸试验试样的长度允许缩短至 18 mm。

3. 塑料建筑型材试样制备

每组受试样品至少两个，试样厚 3~6.5 mm，边长 10 mm 的正方形或直径 10 mm 的圆形，表面平整、平行、无飞边。

如果试样厚度小于 3 mm，将至多三片试样直接叠合在一起，使其总厚度在 3~6.5 mm 之间，上片厚度至少 1.5 mm。如果试样厚度超过 6.5 mm，应根据 ISO 2818 通过单面机械加工使试样厚度减小到 3~6.5 mm，另一表面保留原样。试验表面应是原始表面。

试样按《塑料试样状态调节和试验的标准环境》(GB/T 2918—1998)的规定进行状态调节。

(1)主型材的落锤冲击。用机械加工的方法，从三根型材上共截取(300±5) mm 的试样 10 个。

试验条件：将试样在 10_{-2}^{0} ℃ 条件下放置 1 h 后，开始测试。在标准环境(23±2)℃下，试验应在 10 s 内完成。

(2)主型材的可焊接性。

试样制备：焊角试样为 5 个，不清理焊缝，只清理 90°角的外缘。试样支撑面的中心长度 a 为(400±2) mm，如图 9-2-1 所示。

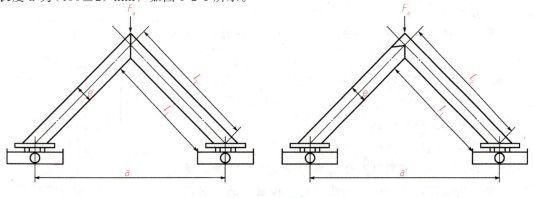

图 9-2-1　试样

【检测设备】

1. 铝合金建筑型材检测设备

千分尺(0～25)mm、游标卡尺(0～200/300)mm、涡流测厚仪(精度为 1 μm)、钳式硬度计(精度为 0.5 HW)。

2. 铝合金隔热型材检测设备

万能材料试验机,配有满足标准要求的夹具。

3. 塑料建筑型材检测设备

(1)维卡软化试验机、简支梁冲击试验机。

(2)落锤冲击试验机,落锤质量(1 000±5) g,锤头半径(25±0.5) mm。

(3)主型材的可焊接性试验设备:门窗角强度试验机。用精度为±1%,测量范围为(0～20) kN试验装置,试验速度(50±5) mm/min。

【检测方法】

1. 铝合金建筑型材检测

(1)壁厚检测方法。壁厚测量采用相应精度的卡尺、千分尺等测量工具测量。

(2)硬度。维氏硬度试验按《金属材料 维氏硬度试验 第 1 部分:试验方法》(GB/T 4340.1—2009)规定的方法进行;韦氏硬度试验按《铝合金韦氏硬度试验方法》(YS/T 420—2000)规定的方法进行。通常我们用钳式硬度计测量的硬度就是韦氏硬度。工程上一般采用这种方法测量,简便、直观。

(3)型材表面膜厚。当采用涡流仪测厚时,单件型材的膜厚或涂层厚度必须选择不少于 5 个测量单位,每个部位测量面积约 1 cm²,测量读数 3～5 个,每个部位各测量读数的平均值作为一个测量值。

2. 铝合金隔热型材纵向剪切试验和横向拉伸强度检测

(1)检测方法。

1)试验温度。进行产品性能检测前,试样需在室温(23±2)℃、(50±10)%湿度的试验室内存放 48 h。

穿条式产品试验温度:室温(+23±2)℃、低温(-20±2)℃、高温(+80±2)℃。

浇注式产品试验温度:室温(+23±2)℃、低温(-30±2)℃、高温(+70±2)℃。

2)纵向剪切试验方法。

试验装置:试验夹具应能够有效防止试样在加载时发生旋转或偏转,作用力宜通过刚性支承传递给型材截面,既要保证负载的均匀性,又不能与隔热材料相接触,试验装置示意图如图 9-2-2 所示。

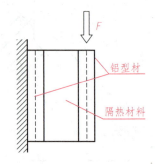

图 9-2-2 试验装置

试验操作：用夹具将试样夹好，试样在试验温度下放置10 min 后，以1～5 mm/min的加载速度进行纵向剪切试验，所加的载荷和相应的剪切位移应做记录，直至最大载荷出现，或隔热材料与铝型材出现2.0 mm的剪切滑移量(此时称剪切失效)。滑移量应直接在试样上测量。

计算：按公式(9-2-1)计算各试样单位长度上所能承受的最大剪切力，再按公式(9-2-2)计算试样纵向抗剪特征值。

$$T = F_{max}/L \tag{9-2-1}$$

式中　T——试样单位长度上所能承受的最大剪切力(N/mm)；

　　　L——试样长度(mm)；

　　　F_{max}——最大剪切力(N)。

$$T_C = \overline{T} - 2.02 \times S \tag{9-2-2}$$

式中　T_C——纵向抗剪特征值(N/mm)；

　　　$\overline{T}$——10个试样单位长度上所能承受的最大剪切力的平均值(N/mm)；

　　　S——相应样本估算的标准差(N/mm)。

$$S = \sqrt{\frac{\sum_{i=1}^{n}(T_i - \overline{T})^2}{n-1}} \tag{9-2-3}$$

3) 横向拉伸试验方法。

试验装置：试验夹具应能够有效防止试样由于装夹不当造成的破坏(如在加载初始，型材即发生撕裂等破坏)，试验装置示意图如图9-2-3所示。

A类隔热型材试样需先通过室温纵向剪切失效(隔热材料与铝型材间出现2.0 mm的剪切滑移)，再做横向拉伸试验；B类型材试样不通过室温纵向剪切失效，直接做横向拉伸试验。

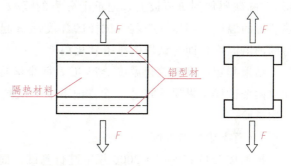

图9-2-3　试验装置

试验操作：将试样用夹具固定好。试样在设定的试验温度下放置10 min后，以1～5 mm/min的拉伸速度加载做拉伸试验，直至试样抗拉失效(出现型材撕裂或隔热型材断裂或型材与隔热材料脱落等现象)，测定其最大载荷。

计算：按式(9-2-4)计算各试样单位长度上所能承受的最大拉伸力，再按式(9-2-5)计算横向抗拉特征值。

$$Q = F_{max}/L \tag{9-2-4}$$

式中　Q——试样单位长度上所能承受的最大拉伸力(N/mm)；

　　　L——试样长度(mm)；

　　　F_{max}——最大拉伸力(N)。

$$Q_C = \overline{Q} - 2.02 \times S \tag{9-2-5}$$

式中　Q_c——横向拉伸特征值(N/mm)；
　　　$\overline{Q}$——10个试样单位长度上所能承受的最大拉伸力的平均值(N/mm)；
　　　S——相应样本估算的标准差(N/mm)。

$$S = \sqrt{\frac{\sum_{i=1}^{n}(Q_i - \overline{Q})^2}{n-1}} \tag{9-2-6}$$

试验在电子万能(拉力)试验机上进行,力值传感器配备10～20 kN为宜,试验机应定期标定。

3. 塑料建筑型材检测

(1)壁厚。壁厚即可视面的壁厚,用精度至少为0.05 mm的游标卡尺测量,测3点,取最小值。

(2)维卡软化温度。当匀速升温时,测定在规定负荷条件下标准压针刺入热塑性塑料试样表面1 mm深时的温度。按《热塑性塑料维卡软化温度(VST)的测定》(GB/T 1633—2000)规定中B50法进行试验。试样承受的静负载$G=(50\pm1)$N,加热速度为(50 ± 5)℃/h,维卡软化温度(VST)≥75 ℃。

基本操作：将试样水平放入未加负荷的压针头下,将组合件放入加热装置中,起动搅拌器,在试验开始时加热装置的温度应为20 ℃～23 ℃。5 min后,压针头处于静止位置,将50 N砝码加到负荷板上,记录千分表的读数。以(50 ± 5)℃/h的加热速度匀速升高加热装置的温度,当压针头刺入试样的深度超过起始位置(1 ± 0.01)mm时,记下传感器测得的油浴温度,即为试样的维卡软化温度。

结果判定：维卡软化温度≥75 ℃,两个试样结果误差不得超过2 ℃,取算术平均值。如果两个试样结果误差超过2 ℃,记下单个试验结果,并用另一组至少两个试样重复进行一次试验。

(3)简支梁冲击强度。

根据按ISO 179—1：2000规定进行测试,简支梁冲击强度≥20 kJ/m²,试验跨距$L=(62^{+0.5}_{0})$mm,试样采用leA型,试样数量5个,取平均值,如图9-2-4所示。

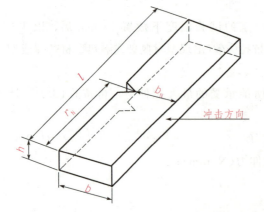

试样尺寸：
$l=(80\pm2)$mm
$b=(10.0\pm0.2)$mm
h：型材可视面壁厚,单位为(mm)
$r_N=(0.25\pm0.05)$mm
$b_N=(8.0\pm0.2)$mm

图9-2-4　简支梁冲击试样

基本操作：按要求制样，用可视面的材料，制好后，测量每个试样的厚度、缺口剩余宽度（b_N）并记录，按图示放置于冲击试验机上，按动按钮，摆锤落下，记录冲击值，再按公式计算，取五个试样的算术平均值（两位有效数字）。

计算公式：

$$a_{cN} = \frac{E_c}{h \times b_N} \times 10^3 \tag{9-2-7}$$

式中　a_{cN}——冲击强度（kJ/m^2）；
　　　E_c——试样断裂时吸收的已校准的能量（J）；
　　　h——试样厚度（mm）；
　　　b_N——试样缺口底部剩余宽度（mm）。

（4）主型材的落锤冲击。

试验步骤：将试样的可视面向上放在支撑物上，使落锤冲击在试样可视面的中心位置上，每个试样冲击一次，10个试样上下可视面各冲击五次。落锤高度Ⅰ类为 $1\,000^{+10}_{0}$ mm，Ⅱ类为 $1\,500^{+10}_{0}$ mm。观察并记录型材可视面破裂的个数。

注意：冲击后迅速将试件拨开，防止球体撞击试件后引起反弹第二次冲击试件。

（5）主型材的可焊接性。

试验步骤：将试样的两端放在支承座上，对焊角或 T 型接头施加压力，直到破裂为止，记录最大力值 F_c。

按式（9-2-8）计算受压弯曲应力 σ_c：

$$\sigma_c = \frac{F_c \times \left(\dfrac{a}{2} - \dfrac{e}{\sqrt{2}}\right)}{2W} I \tag{9-2-8}$$

式中　σ_c——受压弯曲应力（MPa）；焊角的平均应力≥35 MPa；最小应力≥30 MPa；
　　　F_c——受压弯曲的最大力值（N）；
　　　a——试样支撑面的中心长度（mm）；
　　　e——临界线 AA' 与中心轴 ZZ' 的距离；
　　　W——应力方向的倾倒矩 I/e（mm^3）；
　　　I——型材横断面 ZZ' 轴的惯性矩。T 型焊接的试样应使用两面中惯性矩的较小值，单位为四次方毫米（mm^4）。

门窗产品：

$$F_c = \frac{4 \times \sigma_{min} \cdot W}{a - \sqrt{2}\,e} \tag{9-2-9}$$

式中　σ_{min}——型材最小破坏应力，$\sigma_{min} = 35$ MPa。

▲【检测报告】

铝合金建筑型材检测报告见表 9-2-5。

表 9-2-5 铝合金建筑型材原始记录

样品名称：　　　　　　　　　　　　　　　　样品编号：
规格型号：　　　　　　　　　　　　　　　　委托日期：
样品状态：　　　　　　　　　　　　　　　　试验日期：
试验依据：　　　　　　　　　　　　　　　　检测环境：

试验用主要仪器设备					
仪器设备名称	规格型号	量程	编号	检定有效期	使用状况
涡流测厚仪					
韦氏硬度计					
电子万能试验机					

试验项目		检测数据									结果	
		1	2	3	4	5				局部膜厚/μm	平均膜厚/μm	
涂层厚度 /μm	1											
	2											
	3											
	4											
	5											
韦氏硬度 /HW		1			2				3		平均值	
抗剪强度/ (N·mm^{-1})		1	2	3	4	5	6	7	8	9	10	纵向抗剪特征值
	抗剪力/N											
	长度/mm											

抗拉强度	试样编号	宽×厚/mm	抗拉力/N	抗拉强度/MPa	原标距/mm	断后标距/mm	伸长率/%	抗拉强度/MPa	断后伸长率/%
	试样1								
	试样2								
备注									

复核：　　　　　　　　　　试验：

9.2.3 任务小结

本任务介绍了铝合金建筑型材、铝合金隔热型材纵向剪切试验和横向拉伸强度、塑料建筑型材检测的见证取样、设备选用、检测方法等相关知识。主要以塑料建筑型材检测项目为主。如需更全面、深入学习铝合金建筑型材的各项检测技术知识，可以查阅《铝合金建筑型材》(GB 5237.1～5—2008)、《铝合金门窗》(GB/T 8478—2008)等标准和规范。

9.2.4 任务训练

在校内建材实训中心完成砂的铝合金建筑型材、铝合金隔热型材纵向剪切试验和横向拉伸强度、塑料建筑型材检测。要求明确检测目的，准备检测材料与设备，分组讨论制订检测方案，小组合作完成检测任务，认真填写检测报告，做好自我评价与总结。

任务三　门窗玻璃检测

9.3.1 任务目标

● 【知识目标】

1. 了解门窗玻璃的基本性能。
2. 掌握门窗玻璃的技术要求、检测标准与规范。
3. 熟悉门窗玻璃的取样和试样制备。
4. 熟悉中空玻璃露点、玻璃可见光透射比、遮阳系数的检测方法与步骤。

● 【能力目标】

1. 能对门窗玻璃进行正确现场取样和制备试样。
2. 能对中空玻璃露点、玻璃可见光透射比、遮阳系数进行检测，精确读取检测数据。
3. 能够按规范要求对检测数据进行处理，评定检测结果，并规范填写检测报告。

9.3.2 任务实施

▲【取样】

1. 中空玻璃露点检测试样制备

单位工程，试样为制品或 15 块与制品在同一工艺条件下制作的尺寸为 510 mm×360 mm 的样品，待测。

2. 玻璃可见光透射比、遮阳系数检测试样制备

(1)在使用建筑玻璃可见光透射比、遮阳系数检定系统主机前，主机已经在室温环境下放置 1 h 以上。

（2）首先连接好主机与计算机的通信电缆，打开计算机，并启动检测软件。再打开主机电源，进行系统的初始化。

（3）样品尺寸为 50 mm×50 mm 样片，最大可为 100 mm×100 mm 样片。

▲【检测设备】

1. 中空玻璃露点检测设备

中空玻璃露点仪（图 9-3-1）、温度计。

图 9-3-1　中空玻璃露点仪

1. 玻璃可见光透射比、遮阳系数检测设备

SK-SL500 型建筑玻璃可见光透射比、遮阳系数检定系统，如图 9-3-2 所示。

图 9-3-2　SK-SL500 型建筑玻璃可见光透射比、遮阳系数检定系统

▲【检测方法】

1. 中空玻璃露点检测

(1) 将样品在 (23±2)℃，相对湿度 30%～75% 的条件下放置至少 24 h 后进行测试，测试时样品水平或垂直放置。

(2) 在露点仪玻璃管注入约 25 mm 高的乙醇或丙酮，将温度计插入玻璃管内，打开数显温度计的开关，向玻璃管中多次少量加入干冰，观察露点仪的温度，继续加入干冰使温度等于或低于 −60 ℃，并在试样中保持该温度。

(3) 在样品表面倒少许乙醇或丙酮。样品水平放置时，将露点仪与样品表面紧密接触，保持一定的时间。样品垂直放置时，用压紧装置把露点仪与样品紧密接触，保持一定的时间，见表 9-3-1。

表 9-3-1 时间停留规定

原片玻璃厚度/mm	接触时间/min
≤4	3
5	4
6	5
8	7
≥10	10

(4) 移开露点仪，立刻观察玻璃样品的内表面有无结霜或结露。如无结霜或结露，露点温度记为 −60 ℃。如结霜或结露，将试样放置到完全无结霜或结露后，提高露点仪温度继续测量，每次提高 5 ℃，直至测量到 −40 ℃，记录试样最高的结露温度，该温度为试样的露点温度。

(5) 结果判定。取 15 块试样进行露点检测，全部合格该项性能合格。

2. 玻璃可见光透射比、遮阳系数检测

(1) 先打开计算机，然后打开软件。再打开仪器电源，观察软件测试状态栏，复位状况。

(2) 仪器复位就绪。单击"系统设置/参数设置"，根据样品要求设置试验参数。

(3) 将准备好的尺寸为 50 mm×50 mm 的样片放入样品仓中，单击"就绪/开始"进行光谱扫描。试验分为 3 个步骤，即透射、正反射、反反射。

(4) 做透射时，打开试件仓门，先将需要测试的试件分别放在试件仓内"透射"位置，对于普通玻璃，放置的方向可以不加区分，对于镀膜玻璃检测透射曲线时，未镀膜的一面应对着光束方向。另一端采用与试样同厚度的空气层做参比标准，放置完毕后单击页面中的"确定"，关闭试件仓门。系统将分别对试件在波长范围为 280～2 500 mm 内的透射率测试。透射测试完成后，系统将自动弹出检测项目选址框，然后选择反射试验。

(5) 做反射时，先将仓门打开将需要测试的试件分别放在试件仓内"反射"位置，检测正反射时，未镀膜的一面应对着光束方向，检测反反射时，镀膜的一面应对着光束方向。

另一端采用仪器配置的参比反射镜或白板做参比标准,且采用标准镜面反射体作为工作标准例如镀铝镜。然后单击确定进行测试。

(6)对于两层玻璃或三层玻璃的测试,首先按照玻璃的层数在工具栏设置栏系统设置中选择两层或三层玻璃,然后根据玻璃由外到内的顺序,按照上面的方法对每层进行测试,即两层测试两次、三层测试3次,最后得出测试结果。

(7)整个测试过程完毕,结果自动保存,然后单击工具栏中"数据",选择打印方式,将测试结果打印出来。

(8)系统正常关机步骤:先停止SK-SL500型遮阳系数检定系统主机电源,再关闭计算机电源。

(9)试验注意事项。

1)对于普通玻璃,放置的方向可以不加以区分。对于镀膜玻璃,检测透射曲线时,未镀膜的一面应对着光束方向。检测正反射时,未镀膜的一面应对着光束方向。检测反反射时,镀膜的一面应对着光束方向。

2)由于波长范围限制,仪器只能进行280~2 500 mm 波长范围的检测,检测范围不能覆盖远红外区 4.5~25 μm,因此如果委托方要检测包含远红外区 4.5~25 μm 波长的可见光透射比和遮阳系数,则须由委托方提供相关数据方可进行检测。

▲【检测报告】

中空玻璃露点检测报告见表9-3-2。玻璃可见光透射比、遮阳系数检测报告见表9-3-3。

表9-3-2 中空玻璃露点检测报告

工程名称		委托编号	
建设单位		试验编号	
生产单位		委托日期	
玻璃品种		检测日期	
玻璃厚度		试件规格	
送检数量		代表数量	
执行标准	《中空玻璃》(GB/T 11944—2012)	见证人	
监理单位		取样人	
检测设备	ZK-LD-C型 中空玻璃露点仪		
检测条件	温度: ℃ 空气相对湿度为: %		
检测结论			
主检人: 审核人: 批准人:			
			检测单位(公章)

表 9-3-3　玻璃可见光透射比、遮阳系数检测报告

工程名称		委托编号	
建设单位		试验编号	
生产单位		委托日期	
玻璃品种		检测日期	
玻璃厚度		试件规格	
送检数量		代表数量	
执行标准	《中空玻璃》(GB/T 11944—2012)	见证人	
监理单位		取样人	
检测设备	SK－SL500 型建筑玻璃可见光透射比、遮阳系数检定系统		
检测条件	温度：　　℃　　空气相对湿度为：　　%		
检测结论			
主检人：　　　　审核人：　　　　批准人：			检测单位（公章）

9.3.3 任务小结

本任务介绍了门窗玻璃的基础性质，详细介绍了中空玻璃露点检测、玻璃可见光透射比、遮阳系数检测的见证取样、设备选用、检测方法等相关知识。如需更全面、深入学习普通混凝土用砂的各项检测技术知识，可以查阅《中空玻璃》(GB/T 11944－2012)、《建筑玻璃可见光透射比、太阳光直接透射比、太阳能总透射比、紫外线透射比及有关窗玻璃参数的测定》(GB/T 2680－1994)、《建筑门窗玻璃幕墙热工计算规程》(JGJ/T 151－2008)、《建筑节能工程施工质量验收规范》(GB 50411－2007)、《建筑外立面遮阳设施应用技术规程》(DBJ50/T—165—2013)等标准和规范。

9.3.4 任务训练

在校内建材实训中心完成中空玻璃露点检测、玻璃可见光透射比、遮阳系数检测。要求明确检测目的，准备检测材料与设备，分组讨论制订检测方案，小组合作完成检测任务，认真填写检测报告，做好自我评价与总结。

附 录

附 录 A
（规范性附录）
热流系数标定

A.1 标定内容

热箱外壁热流系数 M_1 和试件框热流系数 M_2。

A.2 标准试件

A.2.1 标准试件的材料要求

标准试件应使用材质均匀、不透气、内部无空气层、热性能稳定的材料制作。宜采用经过长期存放、厚度为(50 ± 2)mm 左右的聚苯乙烯泡沫塑料板，其密度为 $20\sim22$ kg/m³。

A.2.2 标准试件的热导率

标准试件热导率 $\Lambda[W/(m^2\cdot K)]$ 值，应在与标定试验温度相近的温差条件下，采用单向防护热板仪进行测定。

A.3 标定方法

A.3.1 单层窗（包括单框单层玻璃窗、单框中空玻璃窗和单框多层玻璃窗）及外门

A.3.1.1 用与试件洞口面积相同的标准试件安装在洞口上，位置与单层窗（及外门）安装位置相同。标准试件周边与洞口之间的缝隙用聚苯乙烯泡沫塑料条塞紧，并密封。在标准试件两表面分别均匀布置 9 个铜-康铜热电偶。

A.3.1.2 标定试验应在与保温性能试验相同的冷、热箱空气温度、风速等条件下，改变环境温度，进行两种不同工况的试验。当传热过程达到稳定之后，每隔 30 min 测量

一次有关参数，共测六次，取各测量参数的平均值，按式(A.1)、式(A.2)联解求出热流系数 M_1 和 M_2。

$$Q - M_1 \cdot \Delta\theta_1 - M_2 \cdot \Delta\theta_2 = S_b \cdot \Lambda_b \cdot \Delta\theta_3 \qquad (A.1)$$

$$Q' - M_1 \cdot \Delta\theta'_1 - M_2 \cdot \Delta\theta'_2 = S_b \cdot \Lambda_b \cdot \Delta\theta'_3 \qquad (A.2)$$

式中　　Q、Q'——分别为两次标定试验的热箱加热器加热功率(W)；

$\Delta\theta_1$、$\Delta\theta'_1$——分别为两次标定试验的热箱外壁内、外表面面积加权平均温差(K)；

$\Delta\theta_2$、$\Delta\theta'_2$——分别为两次标定试验的试件框热侧与冷侧表面面积加权平均温差(K)；

$\Delta\theta_3$、$\Delta\theta'_3$——分别为两次标定试验的标准试件两表面之间平均温差(K)；

Λ_b——标准试件的热导率[W/(m²·K)]；

S_b——标准试件面积(m²)。

Q、$\Delta\theta_1$、$\Delta\theta_2$、$\Delta\theta_3$ 为第一次标定试验测量的参数，右上角标有"'"的参数，为第二次标定试验测量的参数。$\Delta\theta_1$、$\Delta\theta_2$、$\Delta\theta_3$ 及 $\Delta\theta'_1$、$\Delta\theta'_2$、$\Delta\theta'_3$ 的计算公式见附录C。

A.3.2　双层窗

A.3.2.1　双层窗热流系数 M_1 值与单层窗标定结果相同。

A.3.2.2　双层窗的热流系数 M_2 应按以下方法进行标定：在试件洞口上安装两块标准试件。第一块标准试件的安装位置与单层窗标定试验的标准试件位置相同，并在标准试件两侧表面分别均匀布置9个铜-康铜热电偶。第二块标准试件安装在距第一块标准试件表面不小于100 mm 的位置。标准试件周边与试件洞口之间的缝隙按 A.3.1 要求处理，并按 A.3.1 规定的试验条件进行标定试验，将测定的参数 Q、$\Delta\theta_1$、$\Delta\theta_2$、$\Delta\theta_3$ 及标定单层窗的热流系数 M_1 值代入式(A.1)，计算双层窗的热流系数 M_2。

A.3.3　标定试验的规定

A.3.3.1　两次标定试验应在标准板两侧空气温差相同或相近的条件下进行，$\Delta\theta_1$ 和 $\Delta\theta'_1$ 的绝对值不应小于 4.5 K，且 $|\Delta\theta_1 - \Delta\theta'_1|$ 应大于 9.0 K，$\Delta\theta_2$、$\Delta\theta'_2$ 尽可能相同或相近。

A.3.3.2　热流系数 M_1 和 M_2 应每年定期标定一次。如试验箱体构造、尺寸发生变化，必须重新标定。

A.3.4　标定试验的误差分析

新建门窗保温性能检测装置，应进行热流系数 M_1 和 M_2 标定误差和门、窗传热系数 K 值检测误差分析。

附录 B
（规范性附录）
铜-康铜热电偶的校验

B.1 铜-康铜热电偶的筛选

外门窗保温性能检测装置上使用的铜-康铜热电偶必须进行筛选，取被筛选的热电偶与分辨率为 1/100 ℃的铂电阻温度计捆在一起，插入油温为 20 ℃的广口保温瓶中，另一支热电偶插入装有冰、水混合物的广口保温瓶中，作为零点。热电偶与温度计的感应头应在同一平面上，感应头插入液体的深度不宜小于 200 mm。瓶中液体经充分搅拌搁置 10 min 后，用不低于 0.05 级的低电阻直流电位差计或数字多用表测量热电偶的热电势 e_j。取全部热电偶的热电势平均值，将任意一个热电偶的热电势与平均值相减，如果绝对值小于等于 4 μV，则该热电偶满足要求。

B.2 铜-康铜热电偶的校验采用比对试验方法

外门窗保湿性能检测装置上使用的铜-康铜热电偶，应进行比对试验。

B.2.1 热电偶比对试验方法

B.2.1.1 从经过筛选的铜-康铜热电偶中任选一支送计量部门检定，建立热电势 e_j 与温差 Δt 的关系式(B.1)、式(B.2)：

$\Delta t < 0$ ℃时：

$$e_j = a_{10} + a_{11}\Delta t + a_{12}\Delta t^2 + a_{13}\Delta t^3 \tag{B.1}$$

$\Delta t > 0$ ℃时：

$$e_j = a_{20} + a_{21}\Delta t + a_{22}\Delta t^2 + a_{23}\Delta t^3 \tag{B.2}$$

式中 a——铜-康铜热电偶温差与热电势的转换系数。

B.2.1.2 被比对的热电偶感应头应与分辨率为 1/100 ℃的铂电阻温度计感应头捆在同一平面上，插入广口保温瓶中，瓶中油温与试件检测时所处的温度相近。另一支热电偶插入装有冰、水混合物的广口保温瓶中，作为零点。感应头插入液体的深度不宜小于 200 mm。瓶中液体经充分搅拌搁置 10 min 后，用不低于 0.05 级的低电阻直流电位差计或多用数字表计测量热电偶的热电势 e_c 和两个保温瓶中液体之间的温度差 Δt。

B.2.1.3 按式(B.1)或式(B.2)计算在温差 Δt 时热电偶的热电势 e_j，如果 e_j 与用低电阻直流电位差计或多用数字表计测量热电偶的热电势 e_c 之差的绝对值小于等于 4 μV，则该热电偶满足测温要求。

B.2.2　固定测温点和非固定测温点的比对试验

B.2.2.1　非固定测温点(试件和填充板表面测温点)的热电偶,应按 B.2.1 规定的方法,定期进行比对试验。

B.2.2.2　固定测温点热电偶的比对试验(热箱外壁和试件框表面测温点及冷、热箱空气测温点)热电偶的比对试验方法如下：

a)取经过比对的热电偶,按与固定测温点相同的粘贴方法粘贴在固定测温点旁,作为临时固定点；

b)在与外门窗保温性能检测条件相近的情况下,用不低于 0.05 级的低电阻直流电位差计或多用数字表计测量固定点和临时固定点热电偶的热电势；

c)如果固定点和临时固定点热电偶的热电势之差绝对值小于或等于 $4~\mu V$,则固定点热电偶合格,否则应予以更换。

B.2.3　热电偶的比对试验

热电偶比对试验应定期进行,每年一次。

附 录 C
（规范性附录）
加权平均温度的计算

热箱外壁内、外表面面积加权平均温度之差 $\Delta\theta_1$ 及试件框热侧、冷侧表面面积加权平均温度之差 $\Delta\theta_2$，按式(D.1)～式(D.6)进行计算；

$$\Delta\theta_1 = \tau_i - \tau_o \tag{D.1}$$

$$\Delta\theta_2 = \tau_h - \tau_c \tag{D.2}$$

$$\tau_i = \frac{\tau_{i1} \cdot s_1 + \tau_{i2} \cdot s_2 + \tau_{i3} \cdot s_3 + \tau_{i4} \cdot s_4 + \tau_{i5} \cdot s_5}{s_1 + s_2 + s_3 + s_4 + s_5} \tag{D.3}$$

$$\tau_o = \frac{\tau_{o1} \cdot s_6 + \tau_{o2} \cdot s_7 + \tau_{o3} \cdot s_8 + \tau_{o4} \cdot s_9 + \tau_o \cdot s_{10}}{s_6 + s_7 + s_8 + s_9 + s_{10}} \tag{D.4}$$

$$\tau_h = \frac{\tau_{h1} \cdot s_{11} + \tau_{h2} \cdot s_{12} + \tau_{h3} \cdot s_{13} + \tau_{h4} \cdot s_{14}}{s_{11} + s_{12} + s_{13} + s_{14}} \tag{D.5}$$

$$\tau_c = \frac{\tau_{c1} \cdot s_{11} + \tau_{c2} \cdot s_{12} + \tau_{c3} \cdot s_{13} + \tau_{c4} \cdot s_{14}}{s_{11} + s_{12} + s_{13} + s_{14}} \tag{D.6}$$

式中
τ_i、τ_o——热箱外壁内、外表面加权平均温度(℃)；
τ_h、τ_c——试件框热侧表面与冷侧表面加权平均温度(℃)；
τ_{i1}、τ_{i2}、τ_{i3}、τ_{i4}、τ_{i5}——分别为热箱五个外壁的内表面平均温度(℃)；
s_1、s_2、s_3、s_4、s_5——分别为热箱五个外壁的内表面面积(m^2)；
τ_{o1}、τ_{o2}、τ_{o3}、τ_{o4}、τ_{o5}——分别为热箱五个外壁的外表面平均温度(℃)；
s_6、s_7、s_8、s_9、s_{10}——分别为热箱五个外壁的外表面面积(m^2)；
τ_{h1}、τ_{h2}、τ_{h3}、τ_{h4}——分别为试件框热侧表面平均温度(℃)；
τ_{c1}、τ_{c2}、τ_{c3}、τ_{c4}——分别为试件框冷侧表面平均温度(℃)；
s_{11}、s_{12}、s_{13}、s_{14}——垂直于热流方向划分的试件框面积(m^2，见图 D.1)。

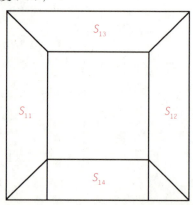

图 D.1 试件框面积划分示意图

参考文献

[1] 赵华玮. 建筑材料应用与检测[M]. 北京：中国建筑工业出版社，2011.
[2] 卢经扬，解恒参，朱超. 建筑材料与检测[M]. 北京：中国建筑工业出版社，2010.
[3] 张宪江. 建筑材料与检测[M]. 杭州：浙江大学出版社，2010.
[4] 江苏省建设工程质量监督总站. 建筑材料检测[M]. 北京：中国建筑工业出版社，2010.
[5] 杨茂森，殷凡勤，周明月. 建筑材料质量检测[M]. 北京：中国计划出版社，2000.
[6] 吴自强. 新型墙体材料[M]. 武汉：武汉理工大学出版社，2002.
[7] 江政俊，刘翔，陈波. 建筑材料[M]. 武汉：武汉理工大学出版社，2015.
[8] 王四清. 建筑材料与检测能力训练习题集[M]. 长沙：中南大学出版社，2013.
[9] 吴文平，林沂祥. 建筑材料员一本通[M]. 合肥：安徽科学技术出版社，2011.
[10] 蒋建清. 材料员[M]. 北京：中国环境科学出版社，2013.
[11] 徐成君. 建筑材料[M]. 北京：高等教育出版社，2004.
[12] 周明月. 建筑材料与检测[M]. 北京：化学工业出版社，2010.
[13] 陈远洁，宁平. 材料员[M]. 南京：江苏人民出版社，2012.
[14] 北京市建设工程物资协会建筑金属结构专业委员会. 建筑门窗制作安装上岗培训教材[M]. 2版. 北京：中国建筑工业出版社，2012.
[15] 闫瑞兰，要强强. 建筑工程材料[M]. 南京：江苏大学出版社，2014.
[16] 蒋林华. 土木工程材料[M]. 北京：科学出版社，2014.
[17] 闫瑞兰，要强强. 建筑工程材料检测实训[M]. 南京：江苏大学出版社，2014.
[18] 李春年. 建筑材料与检测试验手册[M]. 北京：中国建筑工业出版社，2014.
[19] 闫宏生. 建筑材料检测与应用[M]. 北京：机械工业出版社，2015.
[20] 徐洲元，靳巧玲. 材料员、检测员实训[M]. 北京：中国水利水电出版社，2014.